国家出版基金项目
NATIONAL PUBLICATION FOUNDATION

商用飞机系统工程系列
主编 贺东风

# 商用飞机
# 全生命周期构型管理

## Whole Life Cycle Configuration Management of Commercial Aircraft

钱仲焱 张馨元 孟 旭 熊 俊 等 著

上海交通大学 出版社
SHANGHAI JIAO TONG UNIVERSITY PRESS

**内容提要**

本书是"大飞机出版工程·商用飞机系统工程系列"之一,基于国产商用飞机全生命周期构型管理实践,介绍了构型管理的发展脉络,阐释了各利益攸关方眼中的构型管理,厘清了构型管理与其他技术管理过程的关系,围绕商用飞机全生命周期构型管理活动的关键方面介绍了中国商飞公司的重要实践,并展望了构型管理技术的发展和未来。

本书面向的读者群体包括就职于商用飞机主制造商、供应商企业的从业人员,尤其是构型管理工程师、系统工程师、技术管理和项目管理人员,以及飞机设计、制造、客服、试飞领域的工程师,亦可供高校、研究所、民航管理机构、航空公司等的相关人员参考使用。

**图书在版编目(CIP)数据**

商用飞机全生命周期构型管理／钱仲焱等著. —上海：上海交通大学出版社,2023.6
大飞机出版工程
ISBN 978 - 7 - 313 - 28852 - 3

Ⅰ.①商… Ⅱ.①钱… Ⅲ.①民用飞机－产品生命周期－研究 Ⅳ.①V271

中国国家版本馆 CIP 数据核字(2023)第 103120 号

**商用飞机全生命周期构型管理**
SHANGYONG FEIJI QUANSHENGMING ZHOUQI GOUXING GUANLI

著　　者：钱仲焱　张馨元　孟　旭　熊　俊　等

| | | | |
|---|---|---|---|
| 出版发行：上海交通大学出版社 | | 地　　址：上海市番禺路 951 号 |
| 邮政编码：200030 | | 电　　话：021 - 64071208 |
| 印　　制：上海颛辉印刷厂有限公司 | | 经　　销：全国新华书店 |
| 开　　本：710 mm×1000 mm　1/16 | | 印　　张：13.5 |
| 字　　数：198 千字 | | |
| 版　　次：2023 年 6 月第 1 版 | | 印　　次：2023 年 6 月第 1 次印刷 |
| 书　　号：ISBN 978 - 7 - 313 - 28852 - 3 | | |
| 定　　价：108.00 元 | | |

# 大飞机出版工程
## 丛书编委会

# 商用飞机系统工程系列
# 编 委 会

# 本书编委会

## 主　任

钱仲焱

## 副主任

张馨元　孟　旭　熊　俊

## 委　员

（按姓氏笔画排列）

王梓霖　王　瑾　左　伟　占红飞　孙洪洋

李慧颖　杨　林　吴彬彬　何　君　余　翔

张迎春　赵一瑾　段本印　贺　璐　袁晓峰

顾　新　钱惠德　郭方华　郭　鑫　梁德刚

谢博轩　谢　翔　廖　俊　薛世俊

# 总　序

　　国务院在 2007 年 2 月底批准了大型飞机研制重大科技专项正式立项，得到全国上下各方面的关注。"大型飞机"工程项目作为创新型国家的标志工程重新燃起我们国家和人民共同承载着"航空报国梦"的巨大热情。对于所有从事航空事业的工作者，这是历史赋予的使命和挑战。

　　1903 年 12 月 17 日，美国莱特兄弟制作的世界第一架有动力、可操纵、比重大于空气的载人飞行器试飞成功，标志着人类飞行的梦想变成了现实。飞机作为 20 世纪最重大的科技成果之一，是人类科技创新能力与工业化生产形式相结合的产物，也是现代科学技术的集大成者。军事和民生对飞机的需求促进了飞机迅速而不间断的发展和应用，体现了当代科学技术的最新成果；而航空领域的持续探索和不断创新，为诸多学科的发展和相关技术的突破提供了强劲动力。航空工业已经成为知识密集、技术密集、高附加值、低消耗的产业。

　　从大型飞机工程项目开始论证到确定为《国家中长期科学和技术发展规划纲要》的十六个重大专项之一，直至立项通过，不仅使全国上下重视我国自主航空事业，而且使我们的人民、政府理解了我国航空事业半个多世纪发展的艰辛和成绩。大型飞机重大专项正式立项和启动使我们的民用航空进入新纪元。经过 50 多年的风雨历程，当今中国的航空工业已经步入了科学、理性的发展轨道。大型客机项目产业链长、辐射面宽、对国家综合实力带动性强，在国民经济发展和科学技术进步中发挥着重要作用，我国的航空工业迎来了新的发展机遇。

　　大型飞机的研制承载着中国几代航空人的梦想，造出与波音公司波音 737 和空客公司 A320 改进型一样先进的"国产大飞机"已经成为每个航空人心中奋斗的目标。然而，大型飞机覆盖了机械、电子、材料、冶金、仪器仪表、化工等几乎所有工业门类，集成数学、空气动力学、材料学、人机工程学、自动控制学等多种学科，是一个复杂的科技创新系统。为了迎接新形势下理论、技术和工程等方面的严峻挑战，迫切需要引入、借鉴国外的优秀出版物和数据资料，总结、巩固我们的经验和成果，编著一套以"大飞机"为主题的丛书，借以推动服务"大飞机"作为推动服务整个航空科学的切入点，同时对于促进我国航空事业的发展和加快航空紧缺人才的培养，具有十分重要的现实意义和深远的历史意义。

2008 年 5 月，中国商用飞机有限公司成立之初，上海交通大学出版社就开始酝酿"大飞机出版工程"，这是一项非常适合"大飞机"研制工作时宜的事业。新中国第一位飞机设计宗师——徐舜寿同志在领导我们研制中国第一架喷气式歼击教练机——歼教 1 时，亲自撰写了《飞机性能及算法》，及时编译了第一部《英汉航空工程名词字典》，翻译出版了《飞机构造学》《飞机强度学》，从理论上保证了我们的飞机研制工作。我本人作为航空事业发展 50 多年的见证人，欣然接受上海交通大学出版社的邀请担任该丛书的主编，希望为我国的"大飞机"研制发展出一份力。出版社同时也邀请了王礼恒院士、金德琨研究员、吴光辉总设计师、陈迎春副总设计师等航空领域专家撰写专著、精选书目，承担翻译、审校等工作，以确保这套"大飞机"丛书具有高品质和重大的社会价值，为我国的大飞机研制以及学科发展提供参考和智力支持。

编著这套丛书，一是总结整理 50 多年来航空科学技术的重要成果及宝贵经验；二是优化航空专业技术教材体系，为飞机设计技术人员的培养提供一套系统、全面的教科书，满足人才培养对教材的迫切需求；三是为大飞机研制提供有力的技术保障；四是将许多专家、教授、学者广博的学识见解和丰富的实践经验总结继承下来，旨在从系统性、完整性和实用性角度出发，把丰富的实践经验进一步理论化、科学化，形成具有我国特色的"大飞机"理论与实践相结合的知识体系。

"大飞机出版工程"丛书主要涵盖了总体气动、航空发动机、结构强度、航电、制造等专业方向，知识领域覆盖我国国产大飞机的关键技术。图书类别分为译著、专著、教材、工具书等几个模块；其内容既包括领域内专家们最先进的理论方法和技术成果，也包括来自飞机设计第一线的理论和实践成果。如：2009 年出版的荷兰原福克飞机公司总师撰写的 *Aerodynamic Design of Transport Aircraft*（《运输类飞机的空气动力设计》）；由美国堪萨斯大学 2008 年出版的 *Aircraft*

*Propulsion*（《飞机推进》）等国外最新科技的结晶；国内《民用飞机总体设计》等总体阐述之作和《涡量动力学》《民用飞机气动设计》等专业细分的著作；也有《民机设计 1000 问》《英汉航空缩略语词典》等工具类图书。

该套图书得到国家出版基金资助，体现了国家对"大型飞机"项目和"大飞机出版工程"这套丛书的高度重视。这套丛书承担着记载与弘扬科技成就、积累和传播科技知识的使命，凝结了国内外航空领域专业人士的智慧和成果，具有较强的系统性、完整性、实用性和技术前瞻性，既可作为实际工作指导用书，亦可作为相关专业人员的学习参考用书。期望这套丛书能够有益于航空领域里人才的培养，有益于航空工业的发展，有益于大飞机的成功研制。同时，希望能为大飞机工程吸引更多的读者来关心航空、支持航空和热爱航空，并投身于中国航空事业做出一点贡献。

2009 年 12 月 15 日

# 系列序

大型商用飞机项目是一项极其复杂的系统工程，是一个国家工业、科技水平和综合实力的集中体现。在当今全球经济环境下，飞机全生命周期活动是分布式的，从单个设计区域分配到各个供应商网络，到完成后返回进行最终产品集成。许多政治、经济和技术因素都影响其中的协作过程。在全球协作网络中，过程、方法和工具的紧密、高效整合是现代商用飞机型号项目成功的关键因素。商用飞机的研制需要将主制造商作为一个复杂系统，从企业层级统筹考虑产品系统的设计研发和生产制造，并将供应链管理也纳入系统工程的过程中，用系统工程的视角，组织、整合和利用现有资源，以更加快速、高效地开展企业的生产活动；同时需要在更大的范围内整合资源，将型号研制纳入全球民用航空运输系统的范畴中，以期生产出更优质的、更具竞争力的产品。通过开展基于系统工程的项目管理，对研制过程各要素进行整合，以满足客户及适航要求，利用有限的时间、经费等资源，打造一款飞行员愿意飞、乘客愿意坐、航空公司愿意买的飞机，是我国民用航空产业面临的主要挑战，同时也是实现项目商业成功和技术成功的必由之路。

经过几十年的发展，欧美工业界形成了《ISO/IEC 15288—2015：系统和软件工程——系统生命周期过程》等一系列系统工程工业标准；美国国家航空航天局、美国国防部、美国联邦航空局、美国海军和空军等都制定了本行业的系统工程手册；民用航空运输领域制定了 SAE ARP4754A《商用飞机与系统研制指南》等相关指南。同时，航空工业界也一直在开展系统工程实践，尤其是以波音 777 项目为代表，首次明确地按照系统工程方法组织人员、定义流程和建立文档规范，并通过组织设计制造团队，实现数字化的产品定义和预装配，从而较大地改进研制过程，提高客户满意度，降低研发成本。其后的波音 787 项目、空客 A350 项目更是进一步大量使用最新的系统工程方法、工具，为项目成功带来实实在在的好处。

目前，我国在系统工程标准方面，也制定了一些工业标准，但总的来说，还是缺乏一些针对特定领域（如商用飞机领域）的指南和手册，相较国外先进工业实践还存在一定的差距。通过新型涡扇支线飞机和大型干线客机两大型号的积累，我国商用飞机产业在需求管理、安全性分析、变更管理、系统集成与验证以及合格审定等方面取得了长足进步，在风险管理、构型管理、供应链管理、项目组织建设等方面也进行了全面的探索，初步形成了以满足客户需求为目的，围绕产品全生命周期，通过产品集成与过程集成实现全局最优的技术和管理体系，并探索出适用商用飞机领域的系统工程是"以满足客户需求为目的，围绕产品全生命周期，通过产品集成与过程集成实现全局最优的一种跨专业、跨部门、跨企业的技术和管理方法"。

进入美国的再工业化、德国工业 4.0、中国制造 2025 的时代，各制造强国和制造大国在新一轮工业革命浪潮下，都选择以赛博物理系统为基础，重点推进智能制造，进而实现工业的转型升级。其中一个重要的主题是要解决整个生命周期内工程学的一致性。要让现实世界和虚拟世界在各个层次融合，要在机械制造、电气工程、计算机科学领域就模型达成共识。因此，系统工程方法在这个新的时代变得尤为重要，是使产品、生产流程和生产系统实现融合的基础。对于我国航空工业而言，面对标准的挑战、数据安全的挑战、战略及商业模式的挑战、企业组织的挑战、过程管理的挑战、工具方法（SysML 管理工具）的挑战、工业复杂性的挑战、系统工程人才培养与教育的挑战，积极推进系统工程，才能为在新一轮的工业革命中实现跨越式发展打好基础。

编著这套丛书，一是介绍国内外商用飞机领域先进的系统工程与项目管理理念、理论和方法，为我国航空领域人员提供一套系统、全面的教材，满足各类人才对系统工程和项目管理知识的迫切需求；二是将商用飞机领域内已有型号的系统工程与项目管理实践的重要成果和宝贵经验以及专家、学者的知识总结继承下来，形成一套科学化、系统化的理论知识体系；三是提供一套通用的技术概念，理清并定义商用飞机领域的所有接口，促进一系列技术标准的制定，推动系统工程和项目管理技术体系的形成，促进整个商用飞机产业工业化和信息化的深度融合。

"商用飞机系统工程"系列编委会由美国南加州大学、清华大学、浙江大学、上海交通大学、中国商用飞机有限责任公司等国内外高校和企业的航空界系统工程与项目管理领域的专家和学者组建而成，凝结了国内外航空界专业人士的智慧和成果。本系列丛书获得了 2022 年度国家出版基金的资助，说明了国家对大飞机事业的高度重视和认可。希望本系列丛书的出版能够达到预期的目标。在此，要感谢参与本丛书编撰工作的所有编著者以及所有直接或间接参与本丛书审校工作的专家、学者的辛勤工作；也向上海交通大学出版社大飞机出版中心的各位编辑表示感谢，他们为本系列丛书的出版做了大量工作。最后，希望本丛书能为商用飞机产业中各有关单位系统工程能力的提升做出应有的贡献。

（贺东风　中国商用飞机有限责任公司董事长）

# 前　言

研制和发展大型商用飞机（以下简称"大飞机"）是我国《国家中长期科学和技术发展规划纲要（2006—2020年）》确定的重大科技专项，是建设创新型国家、提高我国自主创新能力和增强国家核心竞争力的重大战略举措，是一个国家工业、科技水平和综合实力的集中体现。

商用飞机有上百万个产品零部件，其自身系统高度复杂、交叉学科众多、技术含量集中、产业链辐射广泛。系统工程系列理论为此类复杂工业产品的集成研制过程更具有协调性、统筹性和经济性，提供了行之有效的方法工具，已经被各国航空制造企业普遍采用和推广。

中国商用飞机有限责任公司（以下简称"中国商飞"）高度重视系统工程理念和方法的推广应用，在其众多管理过程中，构型管理被认为是将系统工程各领域要素紧密耦合起来的"黏合剂"，是作为对飞机各个层级产品零部件的核心管控手段之一，起着举足轻重的作用。在时间跨度上，构型管理业务从飞机概念设计构思起，至飞机拆解流转二手航材市场，横向跨越了整个飞机全生命周期。在空间架构上，构型管理业务从顶层飞机家族谱系，至设备软件或底层零件，纵向贯穿了整个飞机产品结构。其目的是要在产品生命周期内，使用适当的过程、资源和控制，建立和维持产品构型信息与产品本身之间的一致性。

中国商飞面向国内广大商用飞机产业链从业人员，策划编著了"大飞机出版工程·商用飞机系统工程系列"丛书，包括《中国商飞系统工程手册》《商用飞机研发质量管理理论与实践》《商用飞机驾驶舱研制中的系统工程实践》《基于模型的现代商用飞机研发》等。本书是该系列丛书之一，将中国商飞公司在推进国家大飞机型号项目过程中构型管理领域的一些理解、探索、实践与总结，分享给广大读者，以供借鉴与交流。

本书共分6章，由浅入深、旁征博引并结合实际案例，带领读者了解、认知并理解商用飞机构型管理的方方面面，具体阐述如下：

第1章"商用飞机构型管理概述"，介绍了构型管理的起源与发展历程、系列标准与组织，从商用飞机的特点的角度描述对构型管理的迫切需要以及行业构型管理最佳实践。

第2章"商用飞机利益攸关方视觉下的构型管理"，描述了商用飞机领域在不同利益攸关方视角下对构型管理的期望与理解。

第3章"技术管理相关方眼中的构型管理"，描述了商用飞机领域构型管理与其他几个管理要素存在的密切交联关系。

第4章"商用飞机构型管理理念与实践"，从产品分类、标识号、型号设计、产品结构、设备与软件构型管理、供应商构型管理、单机构型管理、试验构型管理、构型基线、更改控制流程、更改关键属性、更改分类、更改闭环、构型数据纪实和监控等诸多构型管理的关键方面描述了中国商飞公司对构型管理的深刻理解，坚持贯彻的理念，以及逐渐深入的实践探索。

第5章"商用飞机构型管理组织实践"，从商用飞机构型管理职能机构、项目构型管理组织体系的建设原则、层级及职责划分、组织活动原则、组织建立原则及典型案例、构型管理组织在供应商处的延伸等诸多方面描述了中国商飞公司的构型管理组织建设实践。

第6章"商用飞机构型管理技术发展与展望"，对标国际先进成熟的构型管理经验、新技术应用以及新场景，大胆推演了国内商用飞机主制造厂商构型管理可能的改进方向。

本书在编制过程中，得到了一批国内构型管理同行、专家的悉心指导与热心帮助，中国商飞系统工程与项目管理部、构型管理中心、设计研发中心、总装制造中心、客服中心、试飞中心深度参与，中国商飞质量适航部、基础能力中心、北研中心、ARJ21项目团队、C919项目团队和宽体项目团队积极支持。本书由中国商飞的钱仲焱负责主持撰写，张馨元、孟旭、熊俊共同主编，何君、谢博轩负责统稿；同时，特别感谢中国民用航空局飞行标准司、中国民用航空华东地区管理局、中国民用航空上海航空器适航审定中心、中国航空集团有限公司、中国东方航空集团有限公司、中国南方航空集团有限公司、成都航空有限公司等诸多专家给予的指导和建议，特别感谢中国商飞的欧旭坡、王冰、龚文秀、詹惠德、乔玉、陆纪椿、孙楠、宋文超、杨莹、洪鑫、孙唯一、陈明慧、崔鹏展、徐文静、孙英彪、王隽文、邱良生、段刚、薛济坤、曹立斌、张拂晓、赵浩志、李彦良、朱泽、袁小森、牛博、宋霖、孙瑞泽、张婧婷、徐世洲、田宏飞、朱雨坤、王晓与、张美娜、马昱旋、薛勃韦、朱文菁、李晓蕊、高兴义、曹嘉琨、徐州、李思超、王春晓、赵光义等对本书编制工作所做出的重要贡献。

由于编写人员经验水平有限，本书存在不足之处，敬请批评指正。

# 目　录

# 第1章 商用飞机构型管理概述

## 1.1 构型管理的发展历程

构型管理（CM）的概念最初来源于美国和欧洲的军工行业。20世纪50年代，由于战争需求，大量新式的武器装备被研究和大规模生产出来。一些大型的武器装备不仅本身具有复杂的系统，而且面临大量承包商之间跨组织的更改，这导致了产品研发和生产的复杂性、跨学科性和难控制性，需要一门应用于技术和管理方向的学科，以确保最终产品符合合同规定的要求。20世纪60年代，美国国防部，特别是美国空军，率先提出用于研制和采购阶段的一系列构型管理标准，提出了基线、技术状态记录等构型管理概念。美国空军提出构型管理有两个目的：一是把性能、功能要求作为总的系统研制基础，来定义系统的采办过程；二是提供一个详细的路线图，控制该系统在生命周期内的所有工程活动。

美国军方为了完善构型管理标准的框架，归拢一些零散的构型管理标准，于1992年发布《构型管理》（MIL‑STD‑973）标准，至此，构型管理成了一门具有统一认识的管理学科。

美国军方采用构型管理标准制度后，取得了令人瞩目的效果，承担武器研制的承包商也从长期的合作中认识到符合构型管理要求带来的利益，逐渐地，随着科学技术的飞速发展，工业产品的更新换代加速，构型管理从具有"强制色彩"的军方要求转变为企业的"自发自觉"，慢慢从军用转向了民用。

商用飞机项目是一个极其复杂的系统工程。20世纪末，波音公司面临飞机生产成本高，定价太贵，订单交付时间频繁拖延等问题，导致波音公司飞机缺乏市场竞争力，其市场地位和生存受到威胁。经过分析，波音公司认为导致问题的重要原因之一是定义和配置飞机构型的业务过程不合理。因此，波音公司着手建立了以定义和控制飞机构型（DCAC）/生产资源管理（MRM）为核心的管理系统，在飞机产品全生命周期中逐步实践并完成构型优化，形成准确、唯一、有效的飞机构型定义和生产产品数据资源管理系统，供全球的研发机构和用户使用，从而降低了成本，缩短了生产周期，实现了85%的销售订单按时交付或提前交付，带来了巨大的经济和社会效益。后续空客公司、洛克希德·马丁公司也提出了类似计划。在飞机产品的全生命周期中，一套适用范围全面、逻辑严谨、标识清晰准确的构型管理体系是当代飞机主制造商核心竞争力的重要体现，也是衡量企业技术管理能力的关键标尺之一。

## 1.2 构型管理的标准和组织发展

### 1.2.1 概述

随着构型管理这门学科逐渐被工业界和适航当局认可，构型管理学科的知识和标准体系也逐渐建立。自从美国国防部发布第一个构型管理标准《研制和采购阶段的构型管理》（AFSCM375‑1）后，构型管理领域推出了越来越多的军用和民用标准。现行有效的主要有以下组织发布的构型管理标准：

（1）国内标准：国标有《技术状态管理》（GJB 3206B—2022），《装备技术状态管理监督要求》（GJB 5709—2006）。航标有《航空产品技术状态（构型）管理要求》（HB 7807—2006），《航空产品技术状态（构型）管理要求实施指南》（HB/Z 20002—2011，HB 7807—2006 的辅助实施指南），《民用飞机构型管理要求》（HB 8569—2020），《工程更改控制》（HB 7805—2006）。

（2）国外标准：美国联邦航空管理局颁布的《构型管理（承包商要求）》（FAA‑STD‑021）和 FAA Order 1800.66A，美国国防部颁布的《构型管理指南》（MIL‑HDBK‑61），美国国家标准协会（ANSI）及美国技术交易协会

（Tech America）制定和出版的《构型管理标准》（ANSI/EIA‑649），美国政府电子信息协会（GEIA）及美国国防部和工业界共同制定的、针对 ANSI/EIA‑649 的实施指南《构型管理实施指南》（GEIAHB‑649）。特别地，美国配置管理协会（ICM）认为传统的配置管理，通常局限于产品的设计阶段，变更流程僵化且有很多限制，从而提出一套系统配置管理和知识管理的实用工具，命名为配置管理Ⅱ（CMⅡ），并广泛应用于产品开发和产品生命周期管理中。CMⅡ将 CM 的范围拓展到所有影响安全、保密、质量、进度、成本、利润和环境的信息，并将重点转变为卓越流程整合（IPE），并且提供如何实施的方法。

### 1.2.2 EIA‑649

如无特别说明，本书中所述 ANSI/EIA‑649 相关内容均基于 2011 年出版的 ANSI/EIA‑649B。

《构型管理标准》（ANSI/EIA‑649）是一个共识性的通用标准，可以经过恰当修改，将其中的构型管理功能应用于产品或项目中。由于其中包含构型管理的基本原理，因此其可用于指导和评价构型管理过程的策划与执行。ANSI/EIA‑649B 版的修订工作组包括波音公司、洛克希德·马丁公司、罗克韦尔·柯林斯公司、贝宜系统公司、通用动力公司、美国空军理工学院等航空行业单位的专家，因此其原理和方法对飞机设计和制造过程的吻合度、可借鉴度相对较高。

ANSI/EIA‑649B 的内容框架如图 1‑1 所示，该标准从构型管理功能和原理的角度定义 CM 过程，为企业管理和控制产品构型提供了一种灵活而全面的方法。这种方法由五个相互关联的功能组成，这五种功能协同使用时可以在产品概念、开发、生产、交付和支持过程中保持产品构型信息与产品之间的一致性。五大 CM 功能分别如下：

（1）构型管理规划及管理。

（2）构型标识。

（3）构型更改管理。

（4）构型状态纪实。

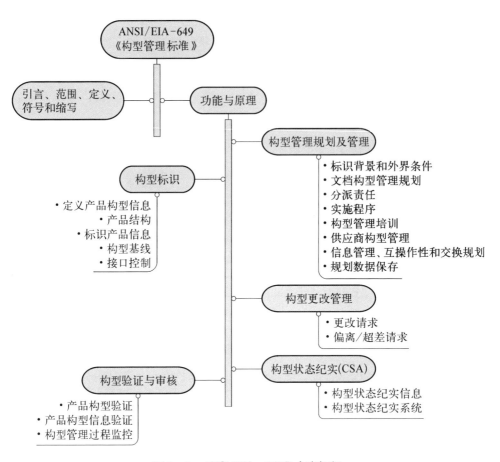

图 1-1 ANSI/EIA-649B 内容框架

（5）构型验证与审核。

ANSI/EIA-649B 给出了这五大环节中主要阶段的内容要点，以及每项内容在构型管理中的基本准则和原理。

### 1.2.3 GEIAHB-649

《构型管理实施指南》（GEIAHB-649）可帮助用户更好地理解 ANSI/EIA-649，规划及实施有效的构型管理。因此其内容与 EIA-649 完全对应，进行了更详细的解释和说明，并提供了相关的范例，大部分原则和原理配有范例，用于说明其具体实施方式和水平。GEIAHB-649 的内容框架如图 1-2 所示。

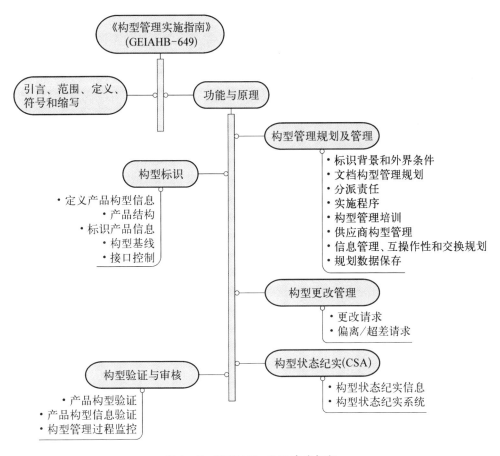

图1-2 GEIAHB-649内容框架

该指南为通用产品全生命周期 CM 建立了通用框架。基于组织策略和过程、产品全生命周期的各阶段、项目规模和复杂性以及系统需求和开发等方面可能存在的差异，该指南通过可定制的通用 CM 范例解决具体的实施问题。不同产品对象差异的特质决定了所需 CM 程序的范围，CM 过程应针对其所应用的背景和环境进行调整。

## 1.2.4 MIL-HDBK-61

MIL-HDBK-61 手册的制定起始于1994 年6 月，当时美国国防部的采办方式发生了根本性的变化，如从军用标准的强制要求转变为要求承包商自己策划并按工业标准来评价、构型控制重点在性能要求上而不是详细设计方案上、政府用过程监督取代了产品检验来完成对承包商的监督。加之信息技术的快速发展，信息交换的媒介从纸质转变为数字，一些分散信息快速聚集的可能性不断增加，政府和工业界都在开发保障信息互操作性的结构，以使每个相关者，无论是政府机构还是承包商，都能通过自动化信息系统输入和/或访问产品信息。以上这些转变促使美国国防部转变了构型管理的方法，作废了该军用标准而把工业标准《构型管理标准》（ANSI/EIA‑649）作为规定构型管理基本原理的指导文件。

这种新采办方式减轻了政府构型管理人员更改控制的负担，但未减少他们保障构型管理工作正常运行的责任，采办方法和采办策略的改进并未改变构型管理过程中要完成的工作。承包商不必遵从军用标准规定的构型管理要求或做法，可依据ANSI/EIA‑649 建立自己的构型管理过程，形成文件并执行。MIL‑HDBK‑61 手册是美国国防部在军用标准改革过程中，为其构型管理人员提供的指南，主要指导他们如何确保将产品和数据的构型管理用于国防装备项目的全生命周期各个阶段。

如图 1‑3 所示，MIL‑HDBK‑61 给出了对政府项目产品技术状态管理的要求和要点。该指南将项目周期分为方案和技术研制（C&TD）阶段、系统研制与验证（SD&D）阶段、生产与部署（P&D）阶段、使用与保障（O&S）阶段。政府的管理与规划活动通常要覆盖项目生命周期所有阶段，当然各阶段的侧重点和详细程度有所不同，这些管理活动的具体工作和准则随阶段的不同而变化。该指南给出了政府的 CM 活动的四个主要方面，且该指南中专门指出了与 CM 相关的数据管理的要求和要点如下：

（1）为下一阶段做准备，包括如下内容：

a. 完成 CM 规划。

b. 制订/修改运作方案。

c. 确定/更新 CM 采办策略。

d. 制定邀标书（RFP）中 CM 要求和目标。

e. 制定 CM 建议评定准则。

f. 确定 CM 基础设施需求/更改、资源和设施。

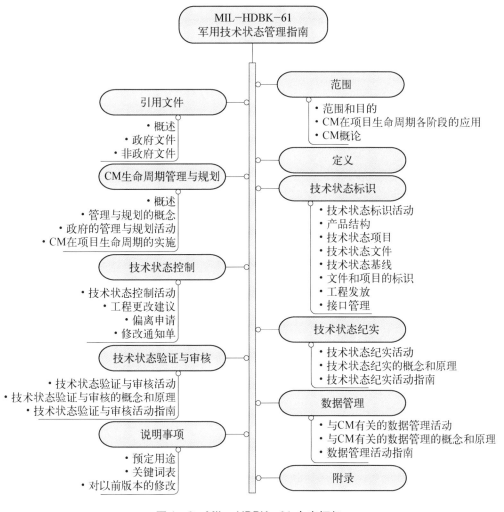

图 1-3　MIL-HDBK-61 内容框架

（2）实施政府的 CM 过程，包括如下内容：

a. 分配任务和责任。

b. 选择/采购/定制自动化的 CM 工具。

c. 准备、接受和实施程序。

d. 进行训练。

e. 管理过程。

（3）度量和评定政府/承包商的 CM 过程和执行情况，包括如下内容：

a. 制定/选择度量标准。

b. 协调和沟通度量标准。

c. 建立数据采集过程。

d. 获得测量数据。

e. 评估趋势。

f. 确定置信度水平。

g. 提供反馈。

h. 执行适当的纠正措施。

（4）完成过程改进/经验教训形成文件，包括如下内容：

a. 修改过程、程序、训练。

b. 实施和持续进行度量/改进循环。

c. 将更改、原因和结果形成文件。

### 1.2.5 FAA Order 1800.66A

FAA Order 1800.66A 中包含了多个层级的构型管理信息，如图 1 - 4 所示。最高级别是条例，第二层级是国家构型管理程序，第三层级是国家构型管理流程，第四层级是信息和数据标准。第五层级的主要利益办公室（OPI）支持文件是构型管理条例在特定组织的实现，FAA Order 1800.66A 中为这部分文件提供框架，并没有包含这部分。

FAA Order 1800.66A 提供了如下内容：

（1）通用构型管理条例、美国国家飞机标准（NAS）构型管理条例和非NAS 信息技术构型管理条例（对应图中第一层级）。

（2）NAS 构型管理架构下的国家程序（对应图中第二层级），从全生命周期构型管理和低级别的生命周期构型管理（更改管理和实施、构型验证与审核、构型纪实及构型管理工艺图纸）两个方面，描述了 FAA 内在实施构型管理时必要的构型管理任务及职责的细节，其内容包括图形流程图、对流程活动的定义、输入/输出表格。

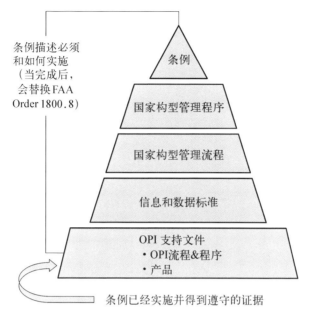

图 1-4 与国家构型管理相关的文件层级关系

（3）NAS 构型管理架构下的国家流程（对应图中第三层级）与条例是统一的整体，一般反映构型管理应用的最佳商业实践，是参与的各组织之间团队合作与达成共识的结果。流程归纳了维持机构构型管理必要的标准化水平的规定，主要目标是确保不同机构创建的信息在执行 NAS 构型管理活动中具有可用性。

（4）构型管理标准和标准化（对应图中第四层级）。该指令适用于 FAA 企业架构下的系统、程序、投资及资产管理；适用于硬件、软件、固件、文件、接口、标准、试验和支持设备、设施空间、备件、培训和教程，以及使用手册等；同样适用于 NAS 运营中涉及的商业设备和非联邦设施。指令详细描述了 FAA 内在实施构型管理时必要的构型管理任务及职责，给出了一套完整的、全生命周期的构型管理流程图，以及组织管理架构（如 NAS 构型控制委员会章程和操作流程、国家程序、国家 NAS 构型管理的流程），并给出了每个流程活动的输入/输出清单以及相关的管理要点，详细内容框架如图 1-5 所示。

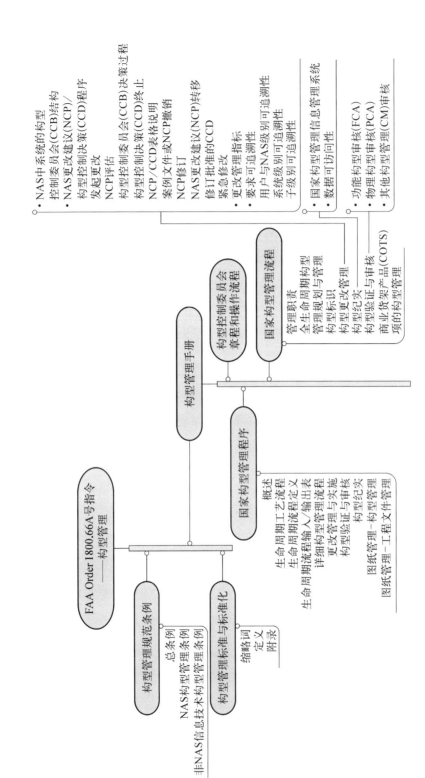

图 1-5 FAA Order 1800.66A 内容框架

## 1.3 商用飞机离不开构型管理

### 1.3.1 商用飞机项目特点

商用飞机项目作为"现代工业皇冠",是一个国家科技水平、制造能力、经济基础和综合国力的集中体现,是衡量一国制造业水平的制高点。研制一款符合国际标准的商用飞机,涉及面广、风险大、周期长、挑战多、投资巨大,不仅是对一个国家航空产品体系、基础研究、技术水平、技术储备、商用飞机产业发展、适航取证能力等方面的挑战,同时也是对管理水平的挑战,必然要求进行管理创新,协调理顺各种关系,形成一套先进的管理体系。

比如供应商管理方面,现阶段商用飞机项目研制基本围绕"主制造商-供应商"发展模式,需加强与供应商的沟通协调,除了供应商管理外,人力资源管理也是一个难点,需要工业界和科研界的精诚合作,要培养一大批具有高素质的专业人才。

当然,成本管理方面,也需要对研发成本和生产成本进行管控。商用飞机项目投资巨大,研发进度存在不确定性,如何确保资金的充分和及时,是一个巨大的挑战。要想成功占有市场,飞机的单机成本控制至关重要,如果在设计过程中没有充分考虑飞机制造成本,导致其单机生产成本上升,从而导致盈亏平衡点后移,则将影响到产品未来的市场竞争力。

商用飞机的研制,除了考虑飞机的经济性和舒适性以外,最重要的还是飞机的安全性。体现了飞机安全水平的适航性,是商用飞机安全的重要属性。商用飞机在研制中还必须考虑的一个难点在于它要通过极为繁杂、严苛的适航标准认证。因而建立符合要求的适航管理体系,并采用信息化的手段进行标准化的适航取证过程管理也必不可少。

商用飞机在研制成功之后,要通过不断试飞、总结经验和改进设计,来逐步满足用户需要,才能进入批量生产的产业化阶段,随后将直接面临市场的检验。大多数人可能认为,"只要飞机好,不愁无买家"。然而,光靠飞机好是不够的,还要看飞机在航空运输系统中的融合性和经济性。现代产业的普遍概念是，要把产品的价值链，延伸到客户的运营中，延伸到产品的全生命周期。这就需要对市场和客户需求有一个长期的跟踪和深入的研究。同时，也应该增强自身属性对航空市场的影响，比如设计理念、操作习惯和维护程序等，这些是在长期的实践和优化中形成的，并得到客户认可的。因而一款商用飞机想进入市场，改变客户的观念，就需要在设计上具有优良的保值能力，在构型上具有广泛的市场适应性，与竞争机型有差异化的标签，以引起客户的兴趣。

此外，一个成熟的产品要拥有持续发展的能力，就必须具备良好的客户服务体系。对商用飞机项目来讲，售后服务是一个长期建设的过程，须在技术保障、快速反应和备件供应能力等方面不断加强和提升，在实战中进一步地历练，以形成良好的体系。

#### 1.3.1.1　生命周期长

商用飞机作为一个十分复杂的高端产品，其研制、取证、运营周期往往都十分漫长，同时也会根据不断变化、细分的市场需求，不断进步的技术和工艺水平而持续开展优化与改型。

商用飞机的生命周期通常划分为 4 个阶段，包括需求分析与概念定义阶段、产品与服务定义阶段、制造与研制阶段、产业化阶段。以空客公司的空客 A320 系列飞机为例，从 1977 年开始研制以来，至 2017 年最新改型空客 A321neo 首架机交付，其研制周期已长达 40 年。图 1-6 给出了空客各个系列产品生命周期的时间轴。为了不断适应细分的市场，逐步形成多个系列，商用飞机各系列之间的区别往往是座位数量和航程，比如座位多点、航程短点或者相反。同时，也有的型号是为了某些特殊要求改装而成，比如波音公司的波音 777-200LR 飞机，就针对超远航程加装了油箱，并且强化了机体。

据统计，一款商用飞机的平均经济使用寿命在 25 年左右（飞机或发动机的经济使用寿命是指飞机或发动机从物理性和经济性的角度能够满足预期使用目的的有效运营时间跨度）。在此期间，周期性的维护和维修是保障飞机或发动机安全、有效运营的必需过程。商用飞机项目如此之长的研制和运营周期，给多型

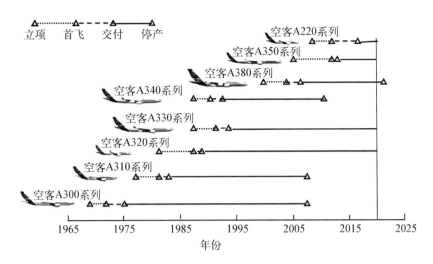

图 1－6　空客各个系列产品生命周期的时间轴

号、多状态的高效构型管理带来了挑战。

以空客公司的空客 A320 飞机为例，其从 1977 年开始研制（当时名为 "欧洲联合运输" 计划），于 1981 年更名为 "A320 计划"，原型机（型号：A320－100）于 1987 年 2 月 14 日出厂，同年 2 月 22 日首飞，于 1988 年 3 月交付首架机给法国航空。紧接着，空客公司又在空客 A320－100 的基础上研制了远程型空客 A320－200，为生产线上第 22 架之后的产品增加了翼尖小翼，采用中央翼油箱，增加了有效载重和航程，空客 A320－200 的第一架飞机于 1988 年 7 月交付安塞特航空公司使用。

空客 A321 是空客 A320 的加长型，是空客 A320 系列飞机的最大型号。与空客 A320 相比，空客 A321 的机身加长 6.93 米，增加了 24% 的座位和 40% 的空间；在机翼前后各增加 2 个应急出口；对机翼进行局部加长和改进；起落架被加固。该项目于 1989 年 5 月启动，空客 A321 于 1993 年 3 月 11 日首航，同年 12 月 17 日获欧洲适航证，于 1994 年 1 月交付使用。

空客 A319 是空客 A320 的缩短型，与空客 A320 相比，空客 A319 的机身短 3.73 米，机翼上应急出口减少一个，机身后部散货舱取消。空客 A319 项目于 1993 年 6 月启动，于 1995 年 8 月 25 日首飞，于 1996 年 4 月获型号合格证，同年 5 月交付使用。

空客 A318 是空客 A319 的缩短型，是空客 A320 系列里面机型最小的成员，也称为"迷你空中巴士"。空客 A318 机长为 31.44 米，比空客 A320 标准型短了 6 米，轻了 14 吨。空客 A318 于 2002 年 1 月首飞，于 2003 年 7 月投入运营。

2010 年 12 月，空客公司推出了当时空客 A320 系列最新的一代产品——选装新型发动机的 A320neo 系列，包括空客 A319neo/A320neo/A321neo 三种尺寸不同的机型。可选发动机为 CFM LEAP－1A 和普惠 PW1100。空客 A320neo 系列是现款空客 A320 系列飞机的改进型，其换装更高效的发动机，装配空客最新设计的鲨鳍小翼，配置高度创新的客舱，这些措施可降低 15% 油耗，提升舒适性，显著增强了其市场竞争力。2014 年 9 月 26 日，空客 A320neo 飞机首飞成功。2016 年 1 月 20 日，首架空客 A320neo 交付汉莎航空。2016 年 2 月 9 日，空客 A321neo 飞机首飞成功。2017 年 4 月 20 日，首架空客 A321neo 交付维珍航空。图 1－7 给出了空客各个系列产品的研制时长和试飞时长分布情况，充分说明了商用飞机研制周期长、跨度大的特点。

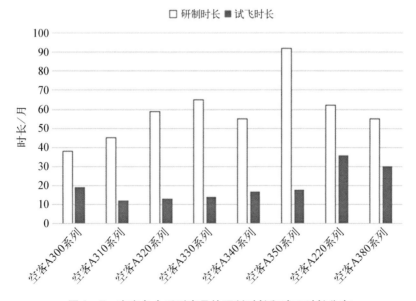

图 1－7  空客各个系列产品的研制时长和试飞时长分布

### 1.3.1.2　系统复杂

商用飞机在外形、尺寸等方面要比其他产品（如汽车、计算机）大得多。尽管产品尺寸与零件数量之间不是简单的正比关系，但产品的尺寸还是能大概反映出所包含零件的多少。一辆汽车大概有 7 000 个零件，而一架飞机的零部件数量往往达到百万数量级。

零部件除了数量庞大外，通常还要求具有各自的功能且相互之间能协调工作。现代商用飞机由许多不同的系统组成，譬如结构（通常称为机体）、飞行控制系统、液压系统、电子电气系统、客舱系统等（如空客 A380 飞机有 120 个不同的系统）。这些系统不仅本身非常复杂，而且必须在相对狭窄的空间内共存。此外，商用飞机系统必须适应包括高低温极限、振动、潮湿、液体污染等非常严酷的环境条件；商用飞机系统的安装状态在其整个生命周期内必须是安全的。在系统组件或系统组件支架发生故障时，安全性的要求是应当确保飞机特性的完整性不受影响。

因此，各个系统都需要进行非常完善的安装设计，在安装设计期间，安装设计师必须认真对待各个系统专家所提出的要求，这极大地增加了设计的复杂性与难度。在飞机上的一些拥挤区域的情况更是如此，如机头段、中央机身或舱顶区域，在这些区域不仅有很多不同系统共处于一个空间中，而且每一个部件都有着自己的特殊要求。安装设计在这里已经变成真正的"噩梦"。

现代商用飞机上不仅要容纳各个复杂子系统，而且每个子系统也是一个复杂的系统，每个子系统都必须能在其中平稳地交互工作，而且不发生故障。更复杂的情况是，商用飞机只是更大的飞机系统中的一个要素，这个更大的飞机系统还包括另一些要素，如培训设备、保障设备以及各种设施，商用飞机产品系统通用组成架构如图 1-8 所示。

飞机系统也是航空运输系统的组成部分，航空运输系统包括机场、空中交通管理部门、适航当局、导航和通信卫星、维护设施等。所有这些组成部分起着同等重要的作用。只有所有级别的系统一起完美地工作，旅客才能以尽可能高的安全标准乘坐飞机从 A 地飞行到 B 地。例如，如果没有空中交通管制，则现代商

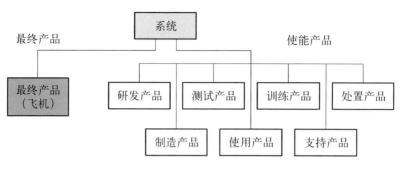

图1-8　商用飞机产品系统通用组成架构

业空运不可能在交通密度非常高的空间内安全地运营。

系统有着不同层次，除了飞机上安装的各个系统具有复杂性外，飞机研制本身也明显地具有总系统的复杂性特点。

### 1.3.1.3　质量适航要求严格

2008年，时任国务院总理温家宝在《让中国的大飞机翱翔蓝天》的署名文章中明确指出："要大大增强适航意识，适航审定部门要按照国际和国内的适航标准，从飞机的初始设计到整机组装生产实行全过程的质量监控。"

商用飞机与军用飞机有着本质的区别。军用飞机是作战需要，更强调其性能要求；而商用飞机是市场的需要，更注重其安全要求。虽然商用飞机的航程、油耗、经济性、舒适性都很重要，但都比不过安全性，商用飞机第一要务是安全，满足适航要求就是为了保证飞机安全。商用飞机在整个研制、运营过程中都要满足适航要求，其制造质量要符合安全的标准。适航要求是一架飞机最低的、最基本的安全要求。飞机的质量部门要严格按照设计准则和适航要求，严格控制产品。

新研制机型在整个生命周期中，要经历初始适航和持续适航两个阶段。适航管理涵盖飞机初始概念设计、方案优化更改、制造工艺、试验试飞、市场运行等各个方面。从初始设计到完成试验试飞获得适航审批的这个阶段属于初始适航，交付用户后的市场运行阶段属于持续适航。飞机的初始适航主要包含设计符合性审批和生产符合性审批。其中设计符合性审批是新研制的飞机按照相应的适航条款进行各种符合性验证，并取得该机型的型号合格证（TC）的过程；或者改进机型按照相应的适航条款进行各种符合性验证，并取得该机型的补充型号合格证（STC）的过程，图1-9给出了商用飞机适航审定的主要工作流程。生产审批指对飞机制造人进行资格审定，以保证该产品的制造符合已批准的设计要求，取得生产许可证（PC）的过程。

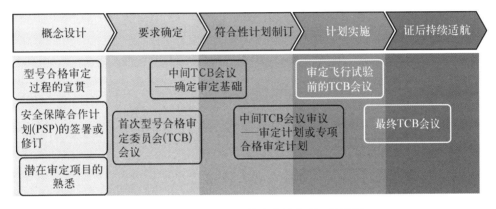

**图1-9 商用飞机适航审定的主要工作流程**

飞机研制的过程较长，一般要经历十多年时间，而在这漫长的研制过程中，适航审定部门是全程介入审核的。商用飞机适航审定的主要工作流程如图1-9所示，每个阶段适航审定工作的重点如下：

（1）概念设计阶段。从新型号研制初期的概念设计开始，飞机研制单位就要和适航审定当局就当前的初始设计进行沟通、熟悉和合作，包括型号合格审定过程的宣贯，安全保障合作计划（PSP）的签署或修订，审定适用规章的指导，潜在审定项目的熟悉，审定计划的讨论，设计保证体系的初步评估等。

（2）要求确定阶段。随着设计的深入，研制人要针对适航审定条款的内容进行优化设计，提交型号合格证的申请，局方要决策是否受理申请，以及进行首次TCB会议前的准备，召开首次TCB会议，编制合格审定项目计划，按需编制专项合格审定计划草案，专用条件、等效安全和豁免的审批，召开中间TCB会议直至确定审定基础。

（3）符合性计划制订阶段。审定基础确定之后，研制单位即要开展详细设计并和适航当局进行沟通，商榷最终的审查组介入范围，确定授权与监督范围，制订制造符合性检查计划，完成审定计划或专项合格审定计划，TCB 审议审定计划或专项合格审定计划。

（4）计划实施阶段。依照前期设定的审定计划进行逐步验证实施，并邀请局方对符合性试验进行检查，按照适航标准逐条符合之后，适航当局就会颁发型号合格证（TC）或补充型号合格证（STC）。计划实施有如下 3 类：

a. 与产生符合性验证数据有关的活动，如试验（工程验证试验和飞行试验）、分析、检查等符合性验证数据或资料生成类的计划实施。

b. 申请人应用符合性验证数据向审查组表明符合性的活动，如编写符合性报告等符合性表明类的计划实施。

c. 审查代表对申请人表明的符合性进行确认的活动，如审查申请人提交的符合性报告、进行必要的飞行试验等来确定型号设计构型、确认型号设计对审定基础的符合性、判断航空器是否有不安全的状态等符合性确认类的计划实施。

（5）证后持续适航阶段。取得型号合格证之后，就要完成型号合格审定总结报告，完成型号检查报告，设计保证系统、手册以及更改的控制与管理，修订持续适航文件和证后适航文件，证后评定，保存资料，以及航空器交付时所需的必要文件。之后就可以按照局方批准过的型号设计资料进行制造、生产。当交付用户运营后，就属于持续适航的管理范畴。

此外，在质量体系方面，在整个商用飞机的设计、生产、运营、维护过程中，质量要求同样苛刻。比如设计质量不仅关注产品质量状态，更关注产品质量的形成和发展过程，主张采用系统方法和过程方法，关注设计过程控制和设计结果确认，将产品实现的策划、设计输入和设计实施过程作为控制工作的重点。设计结果的质量评价也不局限在研制阶段，而是从产品全生命周期对客户需求的满足程度的角度来进行评价。

#### 1.3.1.4 更改输入多、周期长

出于满足客户需求、改善飞机性能、提升竞争力、拓宽市场、新技术的应用、设计经验缺乏等原因，商用飞机的研制过程中很难避免"设计更改"的发生。结构设计、电子部件设计、软件设计等，往往要经过多轮的迭代，才能达到一定的成熟度。

现在商用飞机的研发周期相对较长，通常为 5~8 年。我们研制的产品能否满足 5~8 年之后的市场需求，存在较多不确定性。譬如英法联合设计的"协和"号飞机，其油耗巨大。最初由于燃油价格较低，用户对飞机油耗并不敏感，后来石油危机爆发，燃油价格巨幅上涨，直接导致大量用户取消了订单。

由此可见，市场环境、客户需求、设计模式、材料和工艺的改进以及生产条件的不断变化，使飞机在研制过程中的构型处于不断变化的动态过程之中，加之飞机产品零部件数量巨大，诸多因素导致商用飞机在研制及运营过程中会发生大量更改。

以某型号商用飞机为例，在研制过程中，随着初步设计向详细设计阶段的逐步推进，其工程更改的数量由每年的几百项迅速增长至几千项，一直持续至取得型号合格证前夕，在构型冻结阶段，更改数量逐步下降。证后，随着客户需求的多样化、采购渠道的丰富化、适航规章的调整等，其更改的数量又开始逐步上升。可以看出，对商用飞机的研制，更改是不可避免的，同时其数量也十分庞大，这对更改管控流程的制订、更改的质量等都带来了挑战。

#### 1.3.1.5 利益攸关方多

在商用飞机研制和运营过程中，除了客户（客户指飞机购买方，如航空公司、租赁公司等）外，利益攸关方包括但不限于飞机主制造商、适航当局、系统供应商、空管机构、机组、乘客、地勤人员、维护人员、环境保护组织和培训方等，如图 1-10、图 1-11 所示。可以看出，一款商用飞机的利益攸关方众多，各方产生的需求自然也十分多样。同时，一款商用飞机的研制需要与供应商开展广泛的合作，中国商飞的部分合作伙伴如图 1-12 所示。

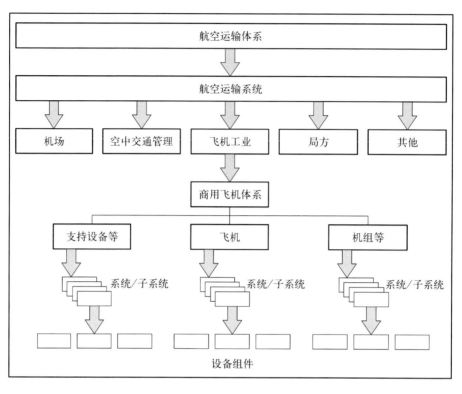

**图 1-10　商用飞机航空运输体系组成**

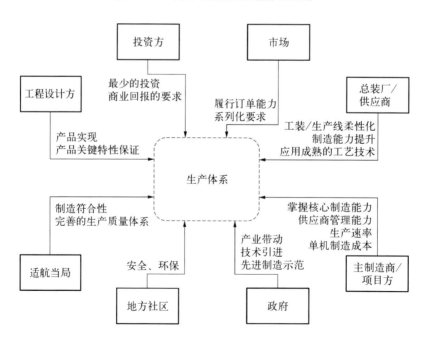

**图 1-11　商用飞机生产体系利益攸关方模型**

图1-12　中国商飞的部分合作伙伴

以航空公司为例。商用飞机是除了汽车之外客户化程度最高的产品，为客户定制的客舱占商用飞机价值的约10%。现代客舱是极其复杂的系统，它就像一条增压的"管道"，除为旅客和机组人员提供座位、厨房和休息室之外，还提供许多服务。客机上的客舱布局是航空公司与其竞争对手相互区别的重要因素。不同的需求推动了商用飞机客户化的要求。

## 1.3.2　行业最佳实践

为保持竞争优势，今天国际航空制造企业的业务面临越来越多的内部和外部压力，包括全球化协作压力、数字化转型压力、降本增效竞争化压力等。对复杂产品研制质量、进度和成本提出更高要求，应加快新产品引入，持续改进，满足市场需求。由于产品的复杂程度提高，企业要求加强构型管理，尤其是航空国防制造业对构型管理的需求尤为迫切。美国国防工业的实践证明，构型管理在管理大型投标活动、管理复杂产品大量且持续的设计活动、管理复杂产品的制造运营、管理复杂产品项目和政府采办方面发挥着至关重要的作用。

"没有规矩，不成方圆"，构型管理便是复杂产品系统全生命周期技术管理中，至关重要的"游戏规则"之一。而一套适用范围广、逻辑严谨、标识清晰准确的构型管理体系是当代飞机主制造商核心竞争力的重要体现，也是衡量企业技术管理能力的关键尺之一。同时，优秀的构型管理体系能够给企业带来丰厚可观的利润回报，国内外成功的主流商用飞机制造商都根据自身特点掌握并建设了一套构型管理体系。构型管理体系已成为商用飞机的核心"软实力"。商用飞机已离不开构型管理。

### 1.3.2.1 波音公司构型管理实践

20世纪末，波音公司面临飞机生产成本高、价格太贵、订单交付时间频繁拖延等问题，导致波音公司飞机缺乏市场竞争力，其市场地位和生存受到威胁。经过分析，波音公司认为导致问题的重要原因之一是定义和配置飞机构型的业务过程不合理，且飞机研制和生产过程中存在种种技术和管理的弊端，制约了生产力发展。为此，波音公司痛下决心进行改革，在1996年开始实施定义和控制飞机构型/生产资源管理（DCAC/MRM）系统，从根本上优化、改造与飞机构型定义和生产相关的流程。实施DCAC/MRM系统后，波音公司用了十多年时间，投入了10余亿美元，从根本上对飞机构型定义和生产流程进行优化，并开展培训。事实证明，此次流程再造和系统优化是有效的，波音公司建立了以DCAC/MRM系统为核心的准确、唯一、有效的飞机构型定义和生产资源管理系统，支持全球的研发机构和用户使用，从而降低了成本，缩短了周期，实现了85%的销售订单按时交付或提前交付，为波音公司带来了巨大的经济利益和社会效益。随着波音787等新型号飞机的研制，波音公司基于已掌握的成熟构型管理技术，应用最新的数字化和工业化系统，实现全生命周期全球的产品研制系统，实现全球活动对数据的使用。

波音公司的构型管理系统有如下技术特点：

（1）采用基于零件的模块化构型管理体系，简化有效性表达和计算，形成准确的BOM结构和单一数据源。

（2）采用一系列AS‑X基线功能，表征飞机全生命周期的构型状态，满足不同业务相关方对构型的需求。

（3）采用飞机-选项-模块-零件的架构，管理飞机各种构型，通过单机配置驱动四类业务流，满足批生产构型配置，并拉动批生产过程。

波音公司构型管理如图1‑13所示。

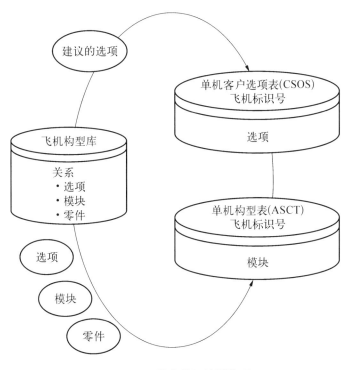

图 1-13　波音公司构型管理

### 1.3.2.2　空客公司构型管理实践

面对瞬息万变的市场需求和日益激烈的市场竞争，不采用先进的管理技术和方法，必将威胁企业的生存和发展。为了顺应世界航空市场的瞬息变化，满足客户的不同需求，对抗波音公司的霸主地位，空客公司在飞机制造中采用大量先进技术的同时，还形成了一套先进的构型管理技术。构型管理技术使空客飞机能够处理各合作伙伴及遍布全球的转包商变化，管控复杂飞机构型状态和频发的构型更改。空客飞机的市场占有率不断提高，近年来其年订货量已赶超波音，先进的构型管理技术是其获得成功的重要原因之一。

构型管理是从产品定义、生产到客户支持的整个生命周期内，通过对产品定义、产品生产、产品验证等过程的控制，集成和协调各阶段产品数据，保证能够连续地定义和控制产品构型。构型控制是商用飞机生产管理中的重要环节，构型控制的正确与否，决定着空客及其供应商生产的产品是否能满足客户的需要。

GILDA 是空客开发的一套囊括设计、制造、交付、跟踪等在内的系统工具。空客对飞机构型的控制离不开这套系统。供应商和合作伙伴通过系统中的架次分配表系统，快速得到每架飞机的制造序列号（MSN）及每个构型项解决方案的有效性。随着空客 A350 等新型号产品的研制，空客公司基于已掌握的成熟构型管理技术，应用最新的工业化软件，实现基于单一数据源的空客和供应商共用的构型管理流程和系统，实现数据的共享和重用。

空客构型管理系统有如下技术特点：

（1）采用基于 CI‑LO‑DS 的体系架构，贯彻系统工程正向设计的思想，用构型项（CI）满足各层次产品的需求。

（2）基于 CI‑LO‑DS 基本单元，形成面向全生命周期各业务场景的产品结构及其多视图，满足各业务方对构型设计的需求。

（3）采用更改系统，管理全生命周期构型更改，确保更改变化可控。

# 第2章 商用飞机利益攸关方视角下的构型管理

商用飞机全生命周期中，存在众多不同的参与单位/角色。每个角色在自身的工作中，或多或少、全职或兼职的在做构型管理方面的工作。这些角色对构型管理的理解存在差异，期望构型管理能够解决的问题和达到的目标也各不相同。

## 2.1 项目管理视角下的构型管理

产品构型管理是项目管理中的重要管理要素之一，其目的主要是通过产品的构型管理活动，在产品全生命周期内，保证产品需求、产品构型信息与产品属性之间的一致性。通过构型管理策划、构型标识、构型更改控制、构型状态纪实和构型审核5大功能活动，用技术和管理的手段，建立规范化的秩序，保证产品需求和设计目标的实现和保持。

构型管理作为项目管理的组成要素，会受到项目管理其他要素的影响，如项目范围管理、需求管理、风险管理、采购管理、利益攸关方管理、项目范围基线，以及经批准的项目变更请求等。

另外，公司的管理政策，企业标准，变更控制程序，项目档案库（如范围、成本、进度与绩效测量基线等），项目历史信息与经验教训知识库等也会对构型管理的策划和实施产生影响。

开展产品构型管理策划时，需要根据项目管理规划（PMP），建立相应的项目构型管理组织，并制订项目构型管理规划（CMP），以明确构型管理的目标、输入、范围、需遵循的流程与要求和输出，以保证产品研制各阶段产品构型信息和产品之间的一致性。项目构型管理策划应注意如下几方面：

（1）应明确项目产品构型管理的组织和职责。作为项目变更管理的一部分，产品构型管理应设立相应的管控组织，明确产品全生命周期内构型基线的建立及更改的批准权限，以及产品构型管理及项目变更管理之间的管理层级关系。

（2）应明确构型管理与项目其他技术管理工作的接口、界面及配合的方式，并明确主制造商和供应商的分工和界面。

（3）应明确在产品研制过程中构型管理活动需遵循的工作程序、方法及管理要求，对企业通用的程序、标准进行选择和集成，并按需补充。同时需要向产品相关供应商传递供应商构型管理要求。供应商可以根据自身产品、环境及所承担的职责进行选择，但是需要满足项目整体要求并获得主制造商的同意。主制造商和供应商应对供应商构型管理要求的执行情况进行监控和审核，包括功能构型审核、物理构型审核及构型管理体系审核。

（4）应明确产品构型信息和文件的存档检索的管理要求和规则、信息化平台工具，以保证产品构型信息得到了有效使用、控制和存储，确保历史可追溯，可供检索利用。

为了有效实施并监控项目构型管理，须建立产品构型管理团队及工作运行机制，依据项目构型管理规划开展工作，并监控项目构型管理过程，评估其符合性和有效性。实施及监控产品构型管理包括产品构型标识、产品构型更改控制、产品构型纪实、产品构型审核等活动。

开展产品构型管理，可以利用产品结构分解、单一产品数据源、评估和决策会议、技术评审和过程审核、构型管理软件平台等工具方法。例如，利用产品结构分解对产品进行层次化分解，用于产品的逻辑和功能的分解过程，分解到产品的最底层，形成完整的产品分解结构（PBS）树。把产品的相关构型信息，包括工程定义、制造过程纪实、客服产品数据等统一在产品结构分解结构树下，并通过产品数据管理平台进行组织管理，形成单一产品数源，以保证建立逻辑上单一、一致的产品构型信息。可基于构型控制组织和构型控制委员会，针对更改、偏差等的影响进行相关影响方的评估，并进行综合的权衡决策。利用产品生命周期管理（PLM）等信息化工具平台，实现生命周期内对产品相关的数据、过程、资源一体化集成管理。在产品生命周期内，结合开展设计评审、设计复查、符合性核查、构型审核等过程，以检验产品与产品构型信息的正确性、完整性、一致性、可追溯性。同时开展项目构型管理过程监控和评估，确保管理流程和体系的有效性以及构型管理规则、方法和工具的匹配和高效。

## 2.2　设计视角下的构型管理

中国商飞提出了"两透一控"的要求，即吃透需求、吃透技术、构型控制。吃透需求是做正确的事，吃透技术是正确地做事。然而，对商用飞机这种高度复杂的多系统的长周期产品，即使吃透了需求，吃透了技术，由于时间阶段的推进、空间场景的转换、产品形态的变化、能动主体的变更，也不能够保证全生命周期内一直朝着正确的目标，采用正确的方法执行到位，从而无法保证获得预期的正确的产品（提供正确的服务）。构型控制就是要保证整个系统在全生命周期内都能够按照正确的方法做正确的事情，取得预期的效果。因此，构型控制实际上是保证能够摘取"吃透需求、吃透技术"胜利果实的必要条件。没有"构型控制"保驾护航，"吃透需求、吃透技术"就不会结出甜果子，甚至会结出苦果子。

1）构型管理的目的

构型管理的概念和实践源于美国军事工业，尤其是航空航天等复杂装备的研制过程，其初衷是要解决复杂产品信息在持续演变、转化和传递过程中的不可控问题，保证最终的产品符合初始的需求。构型管理的目的，就是要保证在全生命周期内的产品实质属性的一致性和实质属性变更的可控性。"全生命周期"这个概念至少应该包括四个维度：时间阶段、空间场景、产品形态和能动主体。即产品无论在哪个时间阶段，无论在哪个空间场景中，无论处于何种形态，产品构型信息和产品都能够清晰准确地呈现一致；同时，无论是谁，都能够获得一致的产品构型信息和产品。

2）构型管理的要求

中国商飞对构型控制进行了进一步的阐述，即覆盖全生命周期、管理规则统一、构型基线明确、纪实记录完备、更改落实到位。这些只是对构型管理的基本要求。除了基本要求以外，构型管理还必须考虑效率和成本的问题。商用飞机是一个商品，一切商品的问题都可以归结为经济性问题，而提高经济性的重要途径包括降低成本和提高效率。因此，如何低成本、高效率地实现全生命周期内的构型管理，也许是对构型管理提出的更高要求，也是构型管理应该努力的方向。随着信息技术的发展，数字化构型管理技术迅速发展，自动化、高效率的构型管理技术值得期待。不过，无论如何，这些都应该建立在严谨、缜密而不烦琐的构型管理程序之上。

3）构型管理的设计

设计过程是飞机全生命周期的核心过程，也是构型数据产生的源头。因此为了保证产品构型清晰、准确、可控，持续保持需求、图纸等产品构型信息与产品一致，必须要在设计过程中实施恰当的构型管理。设计视角下的构型管理需求包含如下方面：

（1）产品数据定义中构型管控非常重要，"文文相符""文实相符"保障了产品设计、制造的正确性、完整性、一致性、可追溯性。

（2）设计人员应认真掌握，严格执行构型管理规则，否则会导致设计制造状态混乱，直接影响产品质量和运营维护效率。

（3）在工程更改中要确保影响范围评估充分、分类准确、表述清楚、更改各要素协调统一，不越线走捷径。

（4）构型管理规则应充分借鉴竞争机型成熟应用经验，综合考虑实际工程需求。

（5）构型管控场景考虑全面，包括不同研制阶段设计、试验试飞、制造、运营、维修维护等全生命周期的各种使用需求，都应进行充分验证和推演。

（6）设计构型和制造、运行数据应实现实时共通和高效管控，单机设计构型和制造超差、代料等偏离处置数据一起构成飞机的单机实物状态，结合实际运营维修数据，可以有针对性地制订更加经济合理的维修维护计划。

（7）构型差异分级分类，区分构型管理和状态记录，尤其是设计细节要求，哪些差异应纳入构型管控，哪些不影响飞机实质，仅需记录状态。轻微差异状态记录的载体应该直接明确。

（8）构型差异的动态管理及实时更新，构型管控不仅仅应体现目前有多少种状态，重点还应该实时体现具体是哪些不同，对差异本身开展管理。因此应在每一次更改的同时，在系统中进行构型差异评估、记录和审核，每一层级的差异评估内容应可以即时汇总和追溯。

（9）产品数据构型管控对象及颗粒度应合理，包括如何控制飞机级、工艺组件、航材大组件、模块、零件、紧固件、技术条件、工艺规范、手册等，制订每一层级的标识和管理规则，如每一层级如何判断换版换号、如何进一步传递和再判断标识。

（10）管控效率和准确性：构型管理规则在严谨缜密的同时应该简单、明确，相关管理要求尽量收敛，各要求条目易于理解，不产生歧义，复杂逻辑应该通过内嵌在系统中的流程辅助判断，流程中条目有清晰的解释。

（11）工程更改流程提速：应在确保充分评估的前提下，提高审签效率，减少因流程串行而导致的反复工作量，尽量增加并行审签，各专业同步提出修改意见；进一步做实设计制造联合设计，开发主要供应商的在线并行工作区，实现流程效率提升。

（12）信息化工具辅助管控：除了有效培训设计人员使其掌握构型管理规则外，更应利用案例指南提高其判断准确度，通过信息化开发，在产品数据管理平台的流程前端进行规则限制，尽最大可能减少误判。同时，通过案例的积累，不断加强检查提醒工作，避免出错。

（13）对于难以统一构型管控规则的定制结构件供应商，应在技术要求或产品规范中，明确写明供应商件号和中国商飞件号的换版换号判断逻辑，同时要求清晰准确标识。

## 2.3　制造视角下的构型管理

在飞机的全生命周期中，制造是非常重要的一个环节，好的制造质量才能交付好的飞机，从而保证飞机的安全性及可靠性。而构型管理，就是为了确保飞机制造过程中更改的落实及可追溯性，以及与工程的符合性。因此，在制造领域开展构型管理是重要且必需的。以下从制造视角出发，基于 4 个维度对构型管理进行剖析。

1）制造过程的可追溯性

在所有零部件、部件的制造过程中，所有的过程参数和信息都需要得到详细记录。这包括部件的规格、尺寸、材料等方面的信息。从而保证飞机产品的制造过程是可追溯的。

可追溯性是构型管理在飞机制造领域非常重要的一环，通过有效地记录、管理和验证飞机制造信息，可以确保飞机的质量、安全性和可靠性。可追溯性的记录通常包括如下几个方面：

（1）详细和准确的记录。记录飞机制造过程中所有标准件、零部件、设备、部件的详细信息。这些信息包括部件的设计、材料、尺寸、功能、制造商、序列号等。确保这些记录的准确性和完整性有助于跟踪部件的来源、使用历史和维护状况，从而提高飞机的可靠性和安全性。

（2）数据存储与管理。为了有效地记录和维护飞机制造信息，需要使用适当的数据存储和管理工具。这可能包括使用产品数据管理（PDM）系统、制造执行系统（MES）以及企业资源规划（ERP）系统等。这些工具可以帮助工程师方便地存储、检索、更新和分析飞机制造信息，从而提高工作效率。

（3）构型审核。为了确保记录和维护的构型信息的准确性和可靠性，需要定期进行审核和验证。这可能包括对零部件、设备、部件的制造信息进行检查，以确保其符合设计要求、法规要求和客户需求。通过审核和验证，可以发现潜在的问题并采取相应的措施，从而提高飞机的质量和安全性。

2）更改管理

在飞机的制造过程中，会产生大量的工程更改，对制造过程中的更改需要进行严格控制。这包括评估更改的影响、审批更改请求、执行更改操作以及更新相关记录。更改管理的目的是确保飞机始终符合设计要求和适航要求，同时满足客户需求。更改管理包含如下几个方面：

（1）建立更改管理流程。制定清晰、明确的更改管理流程，包括更改请求的提交、评估、审批、执行和验收等环节。这有助于确保更改的合理性、可行性和可控性，同时减少更改带来的风险和影响。

（2）定义更改类别和等级。根据更改的影响范围、复杂性和紧急程度，将更改按更改原因分为不可制造类和设计优化类，同时定义紧急程度。这可以帮助设计人员及工艺人员更好地确定更改的性质和重要性，从而找到合适的优先级和处理方式。

（3）评估更改影响。对更改请求进行全面、详细的影响评估，包括对设计、制造、成本、进度和客户需求的影响。这有助于确保更改的合理性和可行性，同时为决策者提供有关更改的详细信息和建议。

（4）更改执行与跟踪。对经批准的工程更改进行跟踪和监控，直到其完整地落实到飞机制造上，确保更改按照预定的方案、进度和质量要求实施。更改的执行可能包括对设计图纸、制造工艺、测试方法和验收标准的修改，以及对零部件、部件和系统的更换、调整和升级等。

（5）构型审核及符合性。在工程更改的执行过程中，应及时更新和维护相关的构型信息、文档和数据，以确保更改落实的准确性和完整性。

3）制造符合性

在飞机制造的过程中，制造端需要保证在整个制造生命周期中，飞机实物产品与设计要求的符合性，这对飞机产品能通过相关适航条款的审核，从而交付给客户是非常重要的，确保制造符合性是保证产品质量、安全性和满足法规要求的关键。以下是我们从制造角度开展制造符合性工作的方法：

（1）对制造过程的控制。在制造过程中，严格控制生产工艺、原材料、零部件、部件和系统的质量。采用统计过程控制（SPC）和其他质量管理工具，以监控和改进生产过程。

（2）检验和测试。对零部件、部件和系统进行严格的检验和测试，包括尺寸检验、材料检验、功能测试和环境试验等。确保产品在各种工况下的性能、可靠性和安全性。

（3）制造过程记录和追溯。记录制造过程中的关键信息，如生产工艺、检验结果、测试数据和问题处理等。确保制造过程的可追溯性，以支持产品的质量、安全性和合规性。

（4）制造符合性声明。在飞机产品完工后，进行构型差异比对，形成部件级及全机级的制造符合性完工声明，包含更改的落实情况、产品制造过程中的各类偏离等纪实数据，作为飞机制造过程中的履历本，并与经批准的设计进行比对后，形成制造符合性声明，是飞机交付的过程中非常重要的一环。

4）与供应商协同工作

目前，飞机制造过程中，通常采用主制造商-供应商的模式。作为主制造商，需要将构型管理工作延伸至供应商，与供应商保持紧密的沟通与协作。这包括通过制造协同平台，与供应商共享零部件和系统的设计、制造和相关工程信息，以确保产品质量和一致性。

（1）确定供应商交付要求。在与供应商合作之初，明确双方的需求和期望，包括产品规格、质量标准、交货期限、数量等。确保供应商充分理解主制造商的需求，并制订相应的生产计划。

（2）签订合同和协议。与供应商签订详细的合同和协议，明确双方的权利和义务，包括质量要求、交货时间、价格、付款条件、售后服务、保密协议等内容，以确保双方合作顺利进行。

（3）进行供应商评估和审计。定期对供应商进行评估和审计，以确保其生产能力、质量管理体系和环境保护行为等方面符合主制造商的要求。根据评估结果，对供应商进行分类管理，优化供应商资源。

（4）提供技术支持和培训。为供应商提供技术支持和培训，帮助其提高生产效率、质量水平和技术能力。根据供应商的需求，提供产品设计、工艺指导、质量管理等方面的支持。

（5）提出合作改进和优化建议。与供应商共同分析和解决生产过程中的问题，对生产过程中发现的设计问题提出优化和改进建议。通过共同改进产品设计、生产工艺和质量管理等方面，提高双方的竞争力。

综上所述，在制造过程中，构型管理是确保飞机质量、安全性和可靠性的关键环节，需要从制造可追溯性、更改管理、制造符合性、供应商协同等角度开展相关工作，最终确保产品质量、满足客户需求和遵守适航条款。

## 2.4 试验试飞视角下的构型管理

试验试飞是飞机全生命周期研制过程中的一个必不可少的部分，是飞机型号合格审定的重要内容，也是飞机产品实施验证过程的一种非常重要的方法。它是确定飞机设计参数指标，发现并解决设计、制造方面的问题和缺陷，验证飞机产品是否达到预期设计目标以及满足适航标准的重要手段。

对飞机产品试验试飞的要求应符合民用航空器适航规章、国内外标准等规定。适航规章中规定，在对试验类产品进行符合性检查前，申请人、工程审查代表和制造符合性检查代表都应对试验产品的构型、试验设备的构型以及试验的预期结果有清楚的了解，同时还要考虑试验类型和试验设备的校验有效期限。中国民用航空局（CAAC）的试飞人员还需确认飞机产品的试飞构型对于申请人建议的试飞科目是否可接受。《航空、航天和国防组织质量管理体系要求》（SAE AS9100C）中规定，当飞机产品必须进行验证和确认试验时，应对这些试验进行策划、控制、评审并形成文件，以确保证实：

（1）试验计划或规范明确了试验的产品及使用的资源，规定了试验的目的和条件、需记录的参数以及有关接收准则。

（2）试验程序说明了操作的方法、试验的实施以及结果的记录。

（3）提交试验的产品构型正确。

（4）遵守试验计划和试验程序的各项要求。

（5）满足接收准则。

试验试飞构型管理就是为了确保试验试飞过程中的产品构型状态（包括被试产品和试验设备）、试验过程和试验数据始终处于受控的状态，确保试验试飞过程能够产生准确、可靠、有效的试验结果，从而为飞机产品的研制验证和适航取证提供有力支持。

根据试验试飞的实施主体、试验的目的、试验开展的方式等的不同，可以将试验分为不同的类型，如主制造商试验和供应商试验、研发试验和符合性验证试验、试验室试验和机上试验、地面试验和飞行试验等。针对不同的试验类型可以制订不同级别的构型管控要求。试验试飞过程中的构型管理活动主要包括：

（1）建立试验试飞的产品分解结构树（以试验试飞科目为颗粒度），组织管理试验试飞过程中产生的各类构型数据，包括但不限于与飞机产品相关的设计和实物构型数据，与测试改装产品相关的设计和实物构型数据，与试验试飞过程相关的工程技术文件（如试验规划、科目构型要求、试验大纲、试验报告）等构型数据。

（2）建立试验试飞科目的构型基线，对被试产品和试验设备的构型状态进行记录、控制，确保试验试飞实施过程中的产品构型状态得到有效管理并可追溯。

（3）试验试飞过程的记录控制，对试验条件、试验环境（如大气温度、风速风向）进行记录，对试验试飞过程中出现的技术问题、试验的偏离以及构型偏离等进行记录，确保试验试飞过程可追溯，必要时试验可复现。

（4）对试验试飞构型管理活动进行审核，确保其符合质量管理和适航管理等过程的要求。

综上，根据试验试飞构型管理活动的范围可以识别出构型管控的对象。试验试飞构型可以定义如下：为了完成飞机产品验证过程、实现试验目的而产生的，对试验结果会产生影响的各类数据的集合。一般可概括为两类：一类指试验试飞过程中所需使用的试验产品的构型数据，包括被试产品和试验设备（测试改装产品）的设计构型与实物构型；另一类指描述试验试飞活动的构型数据定义，包括试验规划、试验要求、试验程序或步骤、试验实施和试验结果等。下面以申请人表明符合性飞行试验为典型例子，简要分析试验试飞过程中对构型管理的要求。

（1）被试产品的构型数据要求。

被试产品的构型状态是整个试验试飞的核心。产品验证的目的是确定被试产品的功能已正确实现、产品需求已得到满足以及系统安全性分析是有效的。

表明符合性试飞被试产品的构型数据通常包括被试系统的设计要求，设计方案（系统描述文档），设计图纸，软硬件设计模块，设计模块中引用的标准规范，以及表征被试产品的实物构型数据（工艺文件、工艺规范、制造偏离等）。

（2）试验设备的构型数据要求。

试验设备即测试改装产品，是指以获取试验数据或保障试飞安全等为目的、安装在试验机上的设备设施，用于获取、传输、记录及处理测试参数的系统或设备。广义的试验设备还应包括飞机外部测试设备，如外部噪声传感器等。

以单架试验机为例，典型的飞行试验测试改装产品的构型数据通常包括单机的试飞测试任务书、测试方案及改装技术要求、架机改装方案、改装原理图、测试改装设计模块、设计模块中引用的标准规范，以及表征测试改装产品的实物构型数据等。

（3）与飞行试验活动相关的构型数据要求。

与飞行试验活动相关的构型数据主要包括定义或描述试验规划、试验要求、试验程序、试验实施过程以及试验结果等内容的数据资料，通常以工程技术文件的形式表现。如某架机试飞任务分工文件，某系统的试飞要求、符合性试飞大纲、符合性试飞报告、生产试飞程序等。

总之，试验试飞不同于飞机产品，是以试验试飞科目为维度建立的一类特殊的构型项（飞机产品构型项是以产品分解结构中独立的设计模块为维度建立起来的）。试验试飞产品构型既与飞机产品构型数据有密不可分的关系，也有其特殊的构型数据需求（试验设备和试验活动输出物等）。

## 2.5　运行支持视角下的构型管理

### 2.5.1　运行支持需要向客户提供的技术支持与服务

飞机运行期间飞机主制造商需要给客户提供培训、技术出版物、航材支援、维修支援、飞行运行支援、运营商务管理等技术支持和服务。通过这些技术支持和服务帮助客户公司保持飞机的持续适航，实现飞机固有的安全性、可靠性和维修性目标，提高飞机签派可靠性，降低飞机运营成本。同时通过采集、分析、反馈飞机运行和维修等信息，改进飞机设计、制造和服务水平，进而向客户提供更具市场竞争性的商用飞机。

工程技术支援包含全面的技术/工程/维修技术支援、7×24 小时快速响应、现场代表服务、客户请求处理支持、超手册修理方案、客户服务文件、飞机停场（AOG）支援，全面保障客户业务的安全、顺畅、经济运行。

商用飞机主制造商向客户提供的培训包括飞行训练、机务维修培训、客舱乘务员培训、签派员培训、运行支援类培训。其中，飞行训练包含初始训练、转机型训练等；机务维修培训包含航空机械（ME）类、航空电子（AV）类、发动机试车培训、总体熟悉培训等；客舱乘务员培训包含转机型训练、复训训练；签派员培训包含签派员转机型培训、性能工程师机型性能培训、载重平衡培训；运行支援类培训包含性能基础理论培训、运行管理人员培训以及安全管理类培训，此外，还提供培训设备研制数据包。

为给客户提供及时、有效、准确的运营及持续适航支援，商用飞机主制造商应向客户提供基于双方约定好的满足相关标准的维修类、飞行类、构型类及其他手册与数据模块，并可提供在线发布、跟踪功能。

为提高客户的飞行签派率并保证飞机日常维护及维修，商用飞机主制造商应向客户提供 7×24 小时的航材供应及初始航材清单（RSPL）；提供包含美国航空运输协会（ATA）类以及非 ATA 类共计 25 本的航材供应资料以及航材寄售、回购服务；协助客户采购航材，并根据客户需求提供航材计时服务、航材套装包、客户化物流、虚拟航材共享等航材支援服务。

为给客户提供有效的维修支援，商用飞机主制造商应给客户提供技术支援、维修工程、运行监控支援、维修支援等服务。其中，维修工程包含维修工程分析、维修大纲、维修成本分析、维修工具/设备等；维修支援包括机体维修网络建设、开发部附件维修能力等。

为及时解决客户运行技术难题，商用飞机主制造商应向客户提供飞行技术支援、运行技术支援、运行产品支援、飞机性能支援4大类飞行运行支援服务。其中，飞行技术支援包含飞行技术咨询、验证试飞、飞行品质分析（FQA）、机组运行评估、飞行事件分析、航线带飞支援、本场训练支援及转场飞行（调机）服务；运行技术支援包含客户服务文件运行类通告［如飞行操作通告（FOT）、运行工程通报（OEB）等］的编发，基于性能的导航（PBN）运行支援，延程运行支援，缩小垂直间隔（RVSM）运行支援，自动相关监视技术支援，机场低能见度（CATⅡ/Ⅲ）运行支援，增强飞行视景系统（EFVS）运行支援，初始运行验证支援，运行技术指导，特殊环境下的运行安全性分析，航线运行环保性分析及航线运行经济性优化服务等；运行产品支援包含飞机配载平衡产品服务、飞机性能分析软件、电子飞行包（EFB）技术支持以及飞行运行数据服务等；飞机性能支援包含性能技术指导、新开航线论证、起降性能分析、起飞/复飞一发失效应急程序设计、航路飘降程序设计、航线释压供氧程序设计以及飞机性能监控（APM）。

运行监控支援包含实时监控与健康管理、可靠性评估、专家智能诊断等；维修支援包含飞机维修修理支援服务、数字化维修等服务。

为了给客户提供全年7×24小时全面、便捷的数字化支援服务，商用飞机主制造商提供数字化客户服务平台作为客户获得网络信息与服务的统一站点，提供在线服务、工程数据和信息支援、构型信息支援和构型管理服务、飞行数据安全分析服务、客户化工业设计、技术交流论坛、轻量化数模等数字化客户服务。

2.5.2 运行支持对构型管理的需求

1) 运行支持对飞机构型管理的需求

运行支持提供的技术支持和服务需要与工程端协调各阶段完整的飞机构型数据，具体如下：

（1）在初步设计阶段以后，针对定义飞机系统及子系统功能性能和物理特性的产品数据、使用和维护信息、环境数据进行标识，并建立构型基线等。构型基线包含但不限于飞机总体、结构、系统的设计方案、设计规范、系统描述文档、规范类（含工艺规范类、材料规范类、标准件规范类、基础标准类等）、接口信息、数模、原理图、技术条件类、验证类、通用要求类等数据，以支持客服产品的编制和飞机运行。

（2）飞机构型基线建立后，需建立基线内构型数据的变更控制程序和工具。需要根据维修方案合理规划构型项的辨识与划分，以便保障构型数据的传递和应用的高效。

（3）需要根据维修方案合理规划构型项的辨识与划分，以便保障构型数据的传递和应用的高效。

（4）需要根据维修方案和备件需求合理规划飞机大部件的标识，以便支持航材采购，支持为客户飞机提供交付客户化应用场景，更便捷地服务飞机运行。

（5）需要根据飞机图解零件目录（AIPC）手册和维修实际场景合理规划功能逻辑号，并在制造环节考虑其实物标识，以便为客户飞机的维修提供便利。

（6）需要及早规划和识别飞机机载软件中航线可加载软件的技术状态，并制订合理的流程进行管控，以保证交付时为客户提供经济的软件升级方案。

（7）需要在 TC 取证后即规划好更改项目（MI）管控流程与工具，以便在工程更改中及时打包使用工程更改，并在制造过程和客服产品贯彻过程中得到充分应用。

（8）需要及早规划对客户有影响的制造偏离管控流程，并在交付初期培训评估人员，以便在前期交付时控制对客户有影响的偏离评估的评估效果，避免交付时与客户产生重大分歧。

（9）需要及早规划实物构型纪实方法，有效传递实物纪实信息到客服端，保障运行支持所需客服产品的准确性和客户化产品的有效实施。

2）运行支持体系本身构型管理需求

须明确飞机运行时对客户提供的基本服务、综合服务包以及拓展服务的内容，明确飞机运行不同阶段应达到的技术状态，识别并制定客服产品构型项，制定客服产品产品结构划分及其编码规则，识别客服工程各产品的关联关系及客服工程数据传递需求，制定相关视图创建及维护原则，制定各种应用场景下的构型管理需求，规划信息化实施需求，并分阶段实施，以支持客服工程研制及运行支持工作。

须全面评估项目规则中客服工程的需求是否已落实到位，是否在飞机构型管理平台开发过程中充分识别客服工程需求并得到落实，建立客服产品构型管理人员资质要求和培训体系，以保障运行支持体系构型管理工作的顺利进行。

须辨识客服工程研制所需工程输入的一致性、完整性、可控性、有效性和协调性，紧盯已批准工程输入变更实施的落实完整性。

通过完善客服产品构型管理规则与平台，加强工程更改对客服产品的影响评估细则及操作性培训，建立客服产品视图和工程更改落实系统，及早打通与设计和制造的接口，集成与客服各专业研制系统的接口，闭环管理工程更改的评估与传递，加强客服产品构型审核，保障客服产品构型与飞机构型的符合性，根据不同阶段合理调整客服产品落实要求，保障客服产品研制的资源及效率；并通过细化规则和工具，保障客服产品构型的协调性。

对特殊构型项，如地面支援设备和培训设备，应根据其研制需求建立其独特的构型管理要求及管理平台，保障其研制效率及构型符合性。

应加强航线可加载软件的管控，保障运行支持过程中客户飞机的升级安全性和经济性。

应建立在役构型管理机制和平台，更好管理服务通告的评估与落实，保障客户服务文件的实施。

## 2.6　供应商视角下的构型管理

供应商为主制造商（以下简称"客户"）提供机载系统、机载设备、结构件等产品。通常，商用飞机供应商产品研制分为需求分析及概念设计（联合定义）阶段、初步设计阶段、详细设计阶段、产品实现及验证阶段、持续运营阶段。构型管理过程规定了产品定义、设计、生产到产品支援的全生命周期内的构型管控活动，并充分结合与利用信息化平台系统，完成构型管理工作。

在竞标时，客户通常以 RFP 的形式将顶层需求发给潜在供应商。潜在供应商根据 RFP 的要求，完成系统概念和架构的初步设计，并提交给客户。客户评估候选供应商的建议方案，根据飞机需求选定最优化的设计方案。在联合定义阶段，客户和供应商共同定义系统/设备功能和接口需求，生成系统/设备需求和接口需求的基线。工程师团队应在联合定义阶段完成设备功能和接口的权衡研究，作为初步验证对客户需求文件符合性的一种方法。部分系统/设备需求应该在该阶段生成，以便捕获和确认所有的客户需求——包括顶层要求（HLR）、通用技术规范（GTS）、工作说明（SOW）、技术规范及所有引用文件等。在该阶段，供应商应充分评估客户邀标书（RFP）传递的构型管理要求，确认符合情况。在联合定义阶段，可针对客户需求建立基线，但客户需求会高频迭代，因此不应过严管控，做好纪实保证追溯性即可。在联合定义阶段，供应商应初步定义产品分解结构，选择初步的构型项，完成初步的构型管理计划，确定项目构型标识规则，确定初步设计阶段的构型控制对象、流程和规则。

在初步设计阶段，基于客户的需求开展需求的详细分解、分析工作，将需求分解至子系统/设备，完成子系统/设备的架构定义、架构权衡、仿真分析、初步安全性评估、接口初步定义、初步三维模型、初步技术方案、二维图纸、设计描述、架构规范、接口定义文件、初步系统安全性评估（PSSA）、设备技术要求等构型文件的编制。若有子供应商，则应启动供应商分包工作，生成分包产品的需求规范。在初步设计阶段，构型管理工作逐步展开，应完善产品分解结构，进一步细分构型项，应针对分解的需求建立基线，针对分配至构型项的各类构型文件建立基线，应确定详细设计阶段的构型控制对象、流程和规则，应严格管控联合定义阶段确定的客户需求，启动子供应商构型管控工作。

在详细设计阶段，开展设备层级的需求定义，形成设备设计规范，开展设备设计工作和航线可更换单元（LRU）设计工作，形成技术方案、三维模型、二维图纸、失效模式与影响分析（FMEA）、接口控制文件等，开展软硬件需求定义，形成软硬件高/低层级需求、软硬件设计文档。在该阶段应建立设计基线，设计基线建立后构型控制进入全面更改控制流程。

在产品实现及验证阶段，进行设备原理件生产制造，并完成原理验证试验以及系统集成试验，完成设备级产品鉴定试验，完成软硬件编码、集成、测试和评审，按需完成中国技术标准规定（CTSO）取证，根据客户 SOW 完成产品和资料的交付，支持客户试飞取证工作。产品被生产制造以后，构型管理要关注可能产生的偏离超差对构型的影响，该阶段产生的更改须评估实物贯彻更改的影响，若有产品已交付客户用于支持客户试验，则应有效管理研制批产品及交付资料的构型状态，做好更改的在制品评估和落实，并管理好产品构型的限制使用状态。产品完成取证后应建立产品基线。

在持续运营阶段，即转入批生产阶段，向飞机主制造商和航司持续提供装机产品，提供维修工程服务、航材支援服务、培训服务和快响服务，保障持续装机和航线运营。进入批生产后，产品的任何更改和优化都应报客户批准后才可实施。

当产品研制包含软硬件开发时，软硬件产品的研发应遵循 DO－178 和 DO－254 标准，有相对独立完善的体系要求。软件研发工作阶段一般分为计划阶段、需求阶段、设计阶段、编码和集成阶段、测试和验证阶段。硬件研发工作阶段一般分为计划阶段、需求阶段、概要设计阶段、详细设计阶段、实现与验证阶段。包含软硬件开发时，应对其单独编制构型管理规划，不能和设备构型管理规划重用。软硬件开发过程中的构型管理偏重于对构型文件/数据的管控，对产品分解结构无强烈需求，同时软件研制无实物生产环节，不涉及实物构型的管控，工具通常使用三库（开发库、受控库和产品库）管理，与系统/设备基于 PDM 系统开展构型管控的方式存在一定差异。

产品取证时，会接受局方的工程资料审查和体系审查，包括构型管理资料和相关体系审查。作为申请人，应明确产品的构型定义，对复杂机载设备，应明确件号定义、采用构型基线进行有效控制，对于产品命名，目前局方没有统一的强制要求。所有构型管理规则都必须文件化，并作为设计资料的一部分向局方提交。针对取证后可能发生的设计更改，申请人应明确更改再标识规则，目前规章允许在所申请 CTSO 件号后通过增加标识符来标识小改。获得 CTSO 证仅能表明该持证人在其获批范围内生产出来的零部件设计满足相应的技术标准规定要求，受控于经批准的质量系统，符合经批准的设计；但不能表明零部件的设计满足拟安装产品适用的适航标准或要求，零部件的安装经过批准。因此，CTSO 件的安装资料仍需提交给客户批准，同时明确交付给客户的资料范围，构型管理应明确交付客户资料和取证资料的管控差异。

## 2.7　航空公司视角下的构型管理

不同规模或发展程度的航空公司，对构型管理概念的理解是不同的。以中国国际航空公司（简称"国航"）为例，国航目前拥有 8 个一级供应商，其中 5 个为发动机产品的一级供应商，3 个为飞机级供应商，每一个供应商都有各自的业务场景。此外，国航还签署了众多买方提供设备（BFE）的项目，面对如此数量众多、类别繁杂的供应商产品，做好构型管理是迫在眉睫的要紧事。

在航空公司的内部，很多部门的工作都涉及构型，因此都需要构型管理的知识。航空公司内部也有专门的构型管理组织，但是仅依靠构型管理组织的工作并不能维持航空公司所有业务的正常运行，所以有必要将构型管理的规则、制度和标准贯彻到更多相关部门来走到最终的实践。航空公司内部的业务场景是非常复杂的，负责工程技术业务的人员也需要了解商务端、运控端和规划端的数据，从而实现对工程技术端的构型数据维护。对工程技术端而言，国航设有专门的组织负责构型管理，既有组织管理、统一标准、集中管控、平台建设、分散实施工作的落实，也有实际业务工作的落实，但总的来说，航空公司的大多数部门甚至大多数航空公司并没有专门的构型管理组织。

航空公司的构型管理并不侧重于哪个专业，但构型管理的基本知识对民航从业人员来说是基本要求。在基本构型知识和业务知识的基础上，了解数据产生、数据报告和数据管理的全貌，才能更好地开展工作。产生数据和报告数据的人员可能对构型管理的重要性、复杂性和专业性缺乏认知，所以日常工作中要做好对应的沟通交流。

在飞机的技术状态管理方面，航空公司和主制造商的需求和做法基本是一致的。航空公司的工程技术端也涉及设计、制造等部门，因此也需要基本的构型管理组织、人员、制度、方法和工具，实现精简、高效的构型管理。

由于构型管理的基础教育缺失，大量的商用航空工程技术从业者缺乏系统性的构型管理专业知识，导致不同行业对构型管理的概念和工作范围可能存在偏差，更多的底层管理者拥有各自的独特经验。由于飞机上产品数量的几何级数增加和构型配置的多样化、复杂化，航空公司在构型管理方面也遇到了前所未有的挑战。以客舱座椅系统的复杂构型为例，众多的标牌尚未有完备的设计标准，加之运营飞机上大量使用的按零部件制造人批准书（PMA）生产的标牌以及航空公司自己根据需要增加的标牌，构型管理难度显著增加。难度通常体现在两个方面：一是管理对象的数量多；二是对构型管理的理解深度不一致。面对众多不同的机型、产品批次，各个供应商的 CM 手册各有特点，无法通过规范化操作快速查询，所以某个产品的构型就只能全系列逐个梳理。

从航空公司的中短期规划来看，构型管理工作主要是在做飞机的构型配置，包括飞机构型数据的管控。主制造商的构型管理以自己的产品为主，航空公司的构型管理也是以自家产品为主，不同的是航空公司还会在主制造商数据的基础上增加自己的数据（如改装），因此航空公司的构型数据会更加复杂，成千上万的数据排列组合使得数据量显著增加。以构型纪实为例，国内航空公司的管理成熟度还不高，反观欧美企业做到了纪实数据的全生命周期闭环管理。从某种意义上讲，航空公司的工作也包括设计、制造、运行和维修，因此即便是简单地增加一个标牌，构型纪实、构型基线、持续适航文件和维修资料等各方面工作都要到位。然而，在诸多方面国内航空公司的成熟度还有提升空间，不过对于某些类型的产品，比如在机载软件方面，由于工程上对构型的管理从零开始建立，包括航材、库存、允装构型、实装构型、信息技术（IT）支持等，相对成熟度较高。

严格来说，航空公司需要飞机产品的所有信息，尽善尽美，但是实际使用时只能做到抓大放小。航空公司面对的是众多主制造商、供应商的产品信息，某一主制造商提供的服务物料清单（SBOM）对航空公司而言只是一部分，航空公司在使用时还会补充航线信息。按照服务通告（SB）的合同约定，航空公司会向主制造商报告航线运营问题，主制造商发出 SB 对航线飞机维护升级。航空公司希望工作中获得的产品信息越多越好，实际使用时则按需取舍，甚至有时候出于产品安全需要会自己建立相应的件号、序列号和规范号体系，也有可能会自行进行关键件编号，从而满足自身的使用需求。以飞机编号为例，因为复杂的业务需求，航空公司内部可能会建立独有的飞机编号体系，除了表达适航和技术构型，还要区分内部的商务型别。在具体的应用方面，构型差异比对、变更管理、飞机配置公告（ACB）等都是可以提供给航空公司使用的数据，比如主制造商配置的前端客户选型。

构型管理的基础和核心在各个不同的场景下是一致的，万变不离其宗。比如，如果常规的构型管控做得到位，则接机本身就是一个很日常的过程，接机的过程就是把产品数据从主制造商端移动到航空公司端，实现产品全生命周期不同环节的构型管理。突发损伤、例行检查、故障、维修维护、转卖、退役等可以理解为广义的构型状态，需要做好状态的纪实记录工作。构型管理的四要素（标识、控制、纪实、审核）在不同场景或环节中都是重要的，侧重点在于对于不同的场景或者环节，需要知道具体对哪些数据进行管理，即面对不同的场景要侧重构型管理规划。首要的事情就是考虑商务、安全、质量、适航、运行效率等各方面的需求，识别和确定构型管理的对象或关键构型数据，所以这也是一项比较依赖经验的工作。

中国商飞在构型管理方面累积了一定的经验，但在标识方面也有可以改进的空间，比如 MSN 的应用和定位、件号/图号/版本号之间的关联关系等方面。规则的改进需要综合考虑、审慎决策，不应该为了优化而优化，为了改进而改进，要考虑全产业链和下游场景的应用，多探索、研究几套满足不同使用场景和需求的标识方法。完成优化后，对下游产业链工程技术人员的产品构型管理体系的培训应立刻跟上，做好信息沟通和培训材料的传递工作，使规则优化的收益能尽早实现。应推动、促进驻场代表跟航司广泛、充分地交流和分享，管理体系有重大变化需要提前跟客户沟通，信息透明，言简意赅。

## 2.8 租赁公司视角下的构型管理

租赁公司作为主制造商与航空公司之间的桥梁，可帮助有机队扩张需求的航空公司减轻资金压力与经营压力，同时自己赚取租金。其有着与航空公司完全不同的业务模式，也有着对飞机进行构型管理的相关业务需求。其构型管理一般不涉及飞机的日常维护，主要集中在购机、退租、转租、退役等几个不同阶段。租赁方式根据订单提交方和所有权人的变动有所不同，本文默认为订单由租赁公司提交且所有权人为租赁公司。

### 2.8.1 租赁公司构型管理的目的

飞机租赁公司，一般不会直接进行飞机的运营，即租赁公司虽然是飞机的所有人（owner），但并不是飞机的直接运营人（operator）。因此，租赁公司并不需要直接负责已出租飞机的持续适航性。其构型管理的主要目的是保证客户对飞机功能的需求得到满足，符合客户运行地区局方初始适航的要求；同时，考虑到后续转租的可能性，通过构型管理为飞机的功能预留一些通用接口，保证飞机通过改装增加或改变功能的通用性，减少后期可能出现的高额改装费用；飞机到租期后，通过构型管理确定飞机的整体状态，对飞机的价值进行判断，辅助商务活动的开展。租赁公司的构型管理主要集中在与主制造商签订购机合同、运营中的改装评估（重要改装须得到租赁公司批准）、飞机到租期后转租、飞机退役等几个业务场景。

### 2.8.2 租赁公司不同业务场景的构型管理重点

就租赁公司订购一架全新飞机而言，在飞机交付前的 18 个月左右，飞机的构型状态已经确定。确定飞机的构型状态一般至少需要三方参与，即主制造商、租赁公司、首家使用航司。航空公司对飞机的功能选项进行选择和确认，将结果提交给租赁公司后，租赁公司在综合考虑该飞机到租期后的续租可能、后续可能的主要运行地区和运行场景后，考虑后续改装的需求与需要预留的接口，会在航空公司的选型结果中进行相应增补，之后提交给主制造商。对于有 BFE 选项的主制造商，租赁公司还需负责 BFE 设备的构型管理与物流管理。

当飞机订单提交后，航空公司接收飞机，开始运营前，租赁公司还须参与飞机监造与飞机交付，此时构型管理的主要工作是保证飞机的构型状态与订单要求一致及资产质量达标。

在运营过程中，运营人可能会产生对飞机改装的需求，此时租赁公司须进行综合评估，租赁公司可以拒绝运营人的改装需求。一般改装接受的原则是不损伤飞机价值，不影响飞机流通性，改装最好可逆转，有改装退出方案。改装最好通过 SB 执行，若通过 STC 执行则需要更细致的评估。

若航空公司已确认到租期后不再续租，则飞机到租期后，租赁公司需要对此时飞机的构型状态进行确认，主要是适航状态满足约定的条件［如满足美国联邦航空管理局（FAA）、欧洲航空安全局（EASA）等的规范，主要检查 SB/AD 的执行情况］，维修寿命（价值）的评估（包括高价值件和时寿件的状态确认），一般租赁公司会要求航空公司退租时飞机的维修状态（寿命）与起租时一致（主要部件如发动机还必须是原序列号）。租赁公司会通过维修工卡记录、送修记录、履历本等证明材料确认时寿件的剩余飞行小时、飞行循环等，如果得到的寿命有差异，则会通过相应的商务模型计算出航空公司须支付的价格；在此阶段租赁公司还会核查航空公司对飞机维护记录的完整性。

当飞机面临转租时，租赁公司须向有租赁意向的航空公司说明飞机的功能、性能等特征及飞机的构型状态。当航空公司有超出现有功能的需求时，租赁公司综合考虑改装成本、时间周期、收益等要素，接受该需求后会联系有相应资质的维修改装单位（MRO）对飞机进行改装，此时租赁公司需保证飞机改装后的状态与航空公司的需求状态一致。

当飞机退役时，租赁公司仍须通过构型管理明确飞机的状态，计算得出飞机的剩余价值，一般是通过高价值件及时寿件的剩余寿命及相应的商务计算模型得出。

### 2.8.3 不同局方的要求

租赁公司在开展构型管理工作时除了考虑航空公司的需求外，还必须考虑局方的要求，一般局方的要求是相对稳定的，但当飞机承租方发生变化时，其运营地点可能产生相应的变化，此时可能会带来局方要求上的变化，比如在中国运营的飞机转租到欧洲运营，原来飞机的功能、性能只需满足中国民用航空局（CAAC）的规章要求，此时则必须考虑飞机的功能、性能等特征是否能满足欧洲航空安全局（EASA）的规章要求。

## 2.9 维修改装单位视角下的构型管理

维修改装单位（MRO）通常不是飞机的所有者，且没有专门的构型管理职能部门，而是按照航空公司的工作包指令，对飞机进行维修和改装工作。航空公司和MRO紧密关联。

航空公司会对原厂的AD、SB、STC加改装的情况进行评估，评估的过程会综合考虑实用性、最后完成期限、初始检查、重复检查、终极措施等方面的因素，相关数据会添加进管理维修机队的数据库里，或者转换到工程指令系统（也叫工作单卡）单独管理。这些数据构成了飞机的当前设计构型状态，需要按照计划由 MRO 转换成实物构型状态。MRO 收到航空公司的指令之后，按照实施计划，策划实施细节，如器材消耗情况、工具的准备情况、劳动力工时的安排、机位安排等，并开展实施工作。当机队的飞机数量较少时，系统中的数据相对简单，通过人工就能完成清晰的状态管理工作，而对于数量较多的机队，建立一个完善的管理系统就显得尤为重要。

航空公司与 MRO 是联动互助的关系。MRO 按照航空公司的要求完成改装和维修工作，航空公司需要给 MRO 提供足够多的信息资源：在改装飞机过程中，MRO 需要知道对应飞机的历史（相关）AD/SB 的执行情况；在 C 检的过程中，MRO 需要知道这架飞机历史上的 C 检情况。MRO 完成指令工作后，需要将完成签字确认的工作单卡还给航空公司，并提供整机的放行证明，且附上工作包的清单，实现从设计构型到实物构型的状态记录。

为了确保 MRO 的体系能有效运转，中国民用航空局会对 MRO 的体系进行审查，审查方式可以是开展专门的年审，也可以是结合某架飞机的 C 检工作开展审查，通过查看维修记录进行审查等。

在构型管理方面，主制造商必须提供清晰、明确的产品标识，这是开展维修改装工作的基础。标识的规则往往承载着产品对象的含义和实施管理的功能，但对 MRO 来说，这些复杂的规则和含义并不需要传达到维修改装人员手中，甚至无须看到标识符，通过现代化的扫描仪、射频识别（RFID）等技术工具，更能清楚识别并避免人工错漏。MRO 应与监管部门、主制造商、航空公司建立密切的联系，提前沟通、积极配合才能推动问题解决，保证民航运输安全。

## 2.10  资源再生单位（拆解公司）视角下的构型管理

### 2.10.1  为什么会对飞机进行拆解

飞机拆解行业是 21 世纪初兴起的新型产业，是航空产业中与低碳循环经济结合最紧密的环节，其形成和发展主要来源于全球飞机退役趋势的加快以及低碳环保的需要。为了保证飞机的持续适航，飞机运营者会严格地按照维修计划对飞机进行维护与维修工作。一般民航飞机使用年限为 25~30 年，期间会经历 2~3 次的 D 检，每次 D 检都是对整架飞机的完整检修，包括结构检查、腐蚀预防、对机身及各系统进行大范围的检查测试，有时还包括客舱更新、改装、外部喷漆等工作。一般飞机的停场时间都在一个月以上，花费为数百万美元；同时，随着飞机运营年限的增长，其本身的维护成本也会不断增加，因此一般当飞机运行超过 25 年后，在下一次 D 检时间到来前，出于经济方面的考量，航空公司会选择将飞机退役，之后一般会对飞机进行拆解。

## 2.10.2 飞机拆解中的构型管理重点

拆解公司的工作模式就是将老旧飞机化整为零，使符合标准的航材重新回到航材市场或进入其他行业被循环利用，同时获取相应的经济回报。一般来说，将到寿飞机拆解后，将航材分别出售获取的经济回报比整机出售高 20% 以上。拆解公司作为飞机全生命周期的终点站，其构型管理的业务相对简单，主要为识别出飞机上有价值的航材产品并确保其相关文件记录完整。

飞机拆解工作一般会按照优先拆解发动机、自动驾驶仪、导航等电子设备以及起落架等高价值部件，再拆解其他部件的顺序进行作业。这是构型管理工作的重点，即识别出高价值部件，协助制订拆卸方案，完善航材信息记录文件等。

拆解下来的零部件要进行贴标。这也是构型管理工作的重点：需对零部件附上一个带有编号的标签，作为它的"身份证"，里面不仅包含零部件名称和之前所在飞机的信息，还包括拆解人员的职工编号、拆解时间等。在经过相关检测合格并挂签后，这些零部件就正式成为"二手航材"，可以带着详细的可追溯信息进入航空市场，重新销售。

目前，我国局方已经修订了《合格的航材》（AC-120-FS-058R3）咨询通告，旨在指导中国的航空运营人安全、合理、规范、有效地使用航材。

## 2.10.3 拆解行业的发展

我国局方已颁发了咨询通告《航空器拆解》（AC-145-FS-2019-017），

指导和规范对飞机拆解部件返回使用活动的管理，以在确保飞行安全的基础上支持国内航空器拆解行业的发展；同时已在《"十四五"民用航空发展规划》中提出要"积极推进老旧飞机拆解、航材循环利用等相关产业发展"，并在《"十四五"民航绿色发展专项规划》中进一步明确要建立"到寿飞机拆解等领域标准研制，促进关键技术产业化发展"，从而"推动民航循环发展，完善政策标准体系，引导到寿飞机回收拆解与循环利用等产业有序发展"。目前，我国已有多家公司获得了局方颁发的拆解资质。

# 第3章 技术管理相关方眼中的构型管理

无论从项目规模、安全性要求还是设计技术难度等方面来看，商用飞机的复杂性都是显而易见的。其高昂的研制成本导致投资回收周期很长，因此最大限度地实现进度、质量和成本的目标，是每个项目的终极追求。为此，国内外所有的商用飞机主制造商都需要按照适航规章等法律法规和ISO9000、AS9100等质量管理标准，并按照系统工程正向设计的理念，构建企业级的质量管理体系。其中过程为形式和载体，它完整定义了企业组织如何开展企业经营、飞机的研制和取证、飞机销售/批生产和交付、供应链管理、产品运营保障等核心业务如何开始。中国商飞公司系统工程X模型如图3-1。

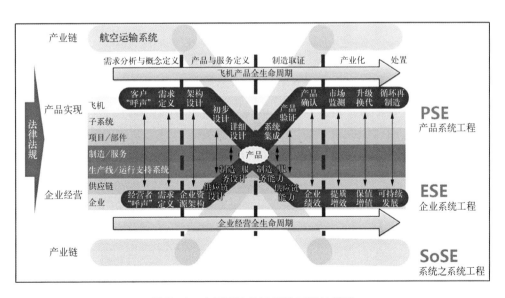

图3-1 中国商飞公司系统工程X模型

构型管理过程属于公司的质量体系的重要组成部分，这是显而易见的。构型管理过程的缺失或失效都会导致飞机构型状态混乱、错误或者不符合，进而导致飞机项目无法顺利地完成取证和产品交付，对公司的影响是巨大的。

同时应该注意到，企业的质量体系就像一部复杂的机器，各个过程和子过程都是其中承担独特功能的"齿轮"，这些"齿轮"之间相互关联、相互驱动、相互作用，最终让这部机器能够正常运转。构型管理也是其中一个"齿轮"，每天都在高速运动。为了避免其出现无效的空转，或者长期与周边"齿轮"运动不协调导致损坏，有必要从企业的质量体系的角度看待构型管理周边的环境，分析存在哪些影响构型管理功能实现的过程，尤其是管理过程，厘清其相互之间的关系，并定义好工作接口。

本章重点挑选了产品数据管理、需求管理、适航管理、供应商管理、项目管理五个管理过程，介绍其与构型管理之间的关系。图 3-2 将构型管理、产品数据管理、需求管理、适航管理、供应商管理、项目管理都放在商用飞机质量管理体系的主要过程模型中，初步展示了其相互之间的关系。

## 3.1　构型管理与产品数据管理的关系

产品数据是指随着项目工作分解结构（WBS）中定义的技术活动开展而产生的数据，也称为技术数据。产品数据管理过程是指在产品和数据的全生命周期中，为与需求一致的产品以及与产品相关的数据进行规划、获取和提供规范化管理的过程，包括产品数据管理规划、产品数据定义、产品数据控制和产品数据利用四个顶级活动。产品数据管理的目标是实现产品数据全生命周期规范化管理，保证产品数据的唯一性、准确性、完整性、及时性、规范性和安全性，确保产品数据的结构和表达适应最广泛用户的需求。波音公司在研制波音 787 飞机的过程中应用基于产品全生命周期的全球系统环境，使波音 787 飞机的协同研制工作顺利进行，真正实现了产品的并行协同设计与制造，保证了在全世界制造的飞机部件都能在波音商用飞机的总部西雅图顺利总装，使波音 787 飞机如期下线，为波

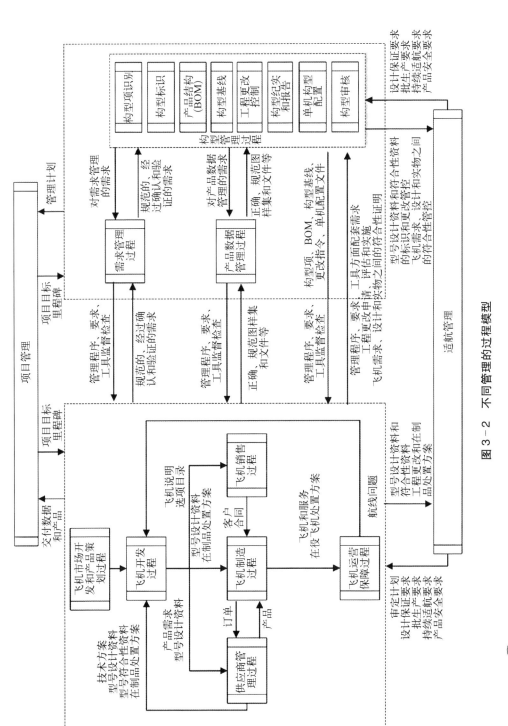

图 3 - 2 不同管理的过程模型

音公司取得了巨大的经济效益和社会效益。

构型管理是在产品全生命周期内保证产品需求、产品构型信息与产品本身之间的一致性的过程。通过构型管理策划、构型标识、构型更改控制、构型状态纪实和构型审核五大活动，用技术和管理的手段建立规范化的秩序，保证产品需求和设计目标的实现与保持。构型管理的目的是确保对产品的功能、性能和物理特性进行正确识别、记录、确认和验证，建立产品信息的完整性；确保对产品特性的变化进行正确识别、审查、批准和记录；确保按照给定的产品构型信息所产生的产品是可识别的。20 世纪末，波音公司面临飞机生产成本高、价格贵、订单交付频繁拖延等问题，其竞争力和市场地位受到威胁。经分析，定义和配置飞机构型的业务过程不合理是问题产生的重要原因之一。为此，波音公司自 1996 年开始，在 10 多年时间内投入 10 余亿美元，建立以定义与控制飞机构型（DCAC）/生产资源管理（MRM）为核心的管理系统，供全球研发机构和用户使用，实现了 85%的销售订单按时交付或提前交付，为波音公司带来巨大的经济效益。

产品数据管理和构型管理均属于系统工程的技术管理过程之一。从产品管理的角度来看，产品数据管理用于存储、检索、管理产品设计数据和产品结构；从过程管理的角度来看，产品数据管理用于管理产品设计变更，管理设计数据和产品文件的审核、批准等工作流程；从企业管理的角度来看，产品数据管理用于实时监督产品开发进度，控制产品数据安全，记录整个开发过程中的所有版本和问题，并用于统计和分析。所以，在产品构型数据的管理上，产品数据管理与构型管理有一定的交叉和重叠。产品数据管理可以保证与商用飞机产品有关的所有数据存储安全、数据权限获取，这些数据中，有一些核心数据直接定义了产品的功能特性、物理特性和性能，与产品状态密切相关，属于构型数据，是构型管理的关键对象。同时这些数据更改频繁，对这些数据的标识要求更严格，对其更改的发起、评估、实施、记录、审核等提出了更高的要求。因此，产品数据管理是构型管理的基础和根本，是构型管理得以实现的必要前提，或者说构型管理是更高要求的产品数据管理。构型信息和基线是产品数据的一部分，因此产品数据管理和构型管理的规划和实施应集成在一起。如果构型管理要求能够与产品数据管理融合得很好，合二为一，则可以一举多得。反之，如果二者没有协调的，那么构型管理需要另起炉灶，不仅浪费人力物力，更有可能由于数据源不一致而带来数据混乱、构型不清楚的风险。

此外，构型管理还需要管理商用飞机产品，其最大的使命是进行飞机研制过程中的"差异管理"，达到"文文相符"与"文实相符"的目的。对任何产品研发来说，都必须有数据管理过程才能确保产品数据完整、清晰，而对较为复杂的产品则必须要有构型管理过程才能确保产品的"所得即所需"。没有规矩，不成方圆。构型管理便是复杂产品系统全生命周期技术管理中至关重要的"游戏规矩"。一套适用范围全面、逻辑严谨、标识清晰准确的构型管理体系是当代飞机主制造商的核心竞争力之一，也是衡量企业技术管理能力的关键标尺，优秀的构型管理体系亦能给企业带来丰厚可观的利润回报。

随着科技的发展，产品数据管理和构型管理都需通过 PDM 系统实现。PDM 系统参与产品的整个生命周期，是对所有与产品相关的数据和过程进行管理的软件系统。从表面来看，PDM 系统多种多样，但是无论哪种版本的 PDM 系统，它们都有一些基本的功能来支持特定的产品开发需求。虽然 PDM 软件的系统功能越来越丰富，但是 PDM 系统的基础和核心的功能，如产品数据管理和构型管理都是不可或缺的。

## 3.2 构型管理与适航管理的关系

### 3.2.1 概述

构型管理应该遵循所有相关且适用的民用航空规章、程序的要求。通过实施构型管理，应确保：

（1）在型号合格审定阶段，能够清晰、准确地表明取证构型和承担试验验证飞机的单机构型，以及两者之间的差异。能够基于设计构型定义"型号设计"，所有型号设计资料均处于构型控制下，可以按要求提交给局方或授权人员批准，并能够表明型号设计的更改变化过程。

（2）取得型号合格证后，针对型号设计的更改，能够按照规章及条款的要求进行分类、管理、决策、实施和验证，型号设计被规范、有效地维护和记录。

（3）在生产制造过程中，向制造商传递的型号设计资料是现行有效、准确无误且经批准的。

（4）交付飞机时，能够向局方及航空公司清晰地表达飞机的构型状态；交付后，能够准确地追溯飞机的构型状态。

（5）针对在持续适航过程中发现的不安全状态，能够准确定位，针对适航指令要求的强制更改能够及时实施。

### 3.2.2 适航规章对构型管理的要求

进行构型管理的目的是确保对产品的功能、性能和物理特性进行正确识别、记录、确认和验证，保证产品完整性，确保对产品特性的变化进行正确识别、审查、批准、记录和实施；确保按照给定的产品构型信息所生产的产品是可识别的。构型管理过程的次级过程包括构型管理策划、构型标识、构型控制、构型纪实、构型审核、供应商构型管理。

《民用航空产品和零部件合格审定规定》（CCAR－21－R4）第 21.31 条规定，型号设计包括如下内容：

（1）定义民用航空产品构型和设计特征符合有关适航规章和环境保护要求所需要的图纸、技术规范及其清单。

（2）确定民用航空产品结构强度所需要的尺寸、材料和工艺的资料。

（3）《正常类、实用类、特技类和通勤类飞机适航规定》（CCAR－23）、《运输类飞机适航标准》（CCAR－25）、《运输类飞机的持续适航和安全改进规定》（CCAR－26）、《正常类旋翼航空器适航规定》（CCAR－27）、《运输类旋翼航空器适航规定》（CCAR－29）、《载人自由气球适航规定》（CCAR－31）、《航空发动机适航规定》（CCAR－33）、《螺旋桨适航标准》（CCAR－35）要求的持续适航文件中的适航性限制部分，第 21.17 条第（二）款中定义的特殊类别航空器适航要求中规定的持续适航文件中的适航性限制部分。

（4）通过对比法来确定同一型号后续民用航空产品的适航性和适用的环境保护特性所必需的其他资料。

针对不同的型号，型号设计资料种类的确定可能不同，需要基于产品构型的定义进行确定和维护。

CCAR－21－R4 第 21.93～21.95 条规定了设计更改的分类及审批要求。《型号合格审定程序》（AP－21－AA－2022－11）第 9 章做了更明确的要求。设计更改过程包括设计更改基准构型的确定、累积效应评估、设计更改的分类、符合性验证、设计更改的批准及改装实施。构型管理是保证设计更改准确判断与实施的基础。

CCAR－21－R4 第十四章规定了型号合格证申请人和持有人应建立设计保证系统。设计保证系统应具备设计职能、适航职能及独立监督职能。AP－21－AA－2022－11 附录 D 也提出，在设计保证系统设计职能方面，应在设计的全过程中以及在产品的全生命周期中对设计进行构型管理。设计保证系统通过构型管理，保证产品需求、产品构型信息与产品属性之间的一致性，以达到在符合性验证过程中，符合性验证的构型状态能够代表最终取证构型、交付阶段单机构型清晰可控的目的。

AP－21－AA－2022－11 还要求对试验及试验件实施构型管理，例如申请人应制订程序，保证在型号合格审定期间，在试验原型产品上所做的全部工程更改及时通知审查组；在对试验类产品进行制造符合性检查前，相关方应对试验产品构型、试验设备构型以及预期结果有清楚的了解，提交审查组批准的最终型号资料必须包括已经试验验证的全部设计更改，并且申请人的构型控制系统应保证将所有更改并入生成图纸等。

### 3.2.3　构型管理对适航管理的影响

CCAR－21－R4 第 21.21 条规定，申请人只有向局方表明型号设计符合适航规章以及专有技术条件和环保要求后才可以取得型号合格证。型号设计包括图纸、工艺规范、分析/计算报告、试验报告、符合性声明、制造检查和工程检查资料等。在型号研制过程中，申请人由于进度、经费等问题的影响，在表明符合性时往往要用一些试验假件；用于表明符合性的试验件通常是一个"中间产品"，试验完成后还要对型号设计进行更改；有时为了得到相关结果和数据，必须要在试验件上加装很多测试设备和元件、构件；有时出于生产制造的原因、零部件配套的原因等，试验件上会带有很多超差、代料和工艺的更改。上述差异都不包含在主制造商最终提交给局方进行批准的型号设计中，如何保证并实现最终提交局方的型号设计的符合性就是整个项目构型管理的一个基本目标。

主制造商在研制阶段构型管理的主要内容应包括如下两个部分：第一部分，工程部门明确设计定义的构型状态和制造部门确认实际制造的构型是否满足设计定义的构型；第二部分，用合理或保守的证据、理由说明上述差异不影响最终提交给局方的型号设计的符合性。

产品适航审定的基础是可用的需求、规则、专用条件和其他适当的法规材料，包括如下内容：

（1）适航标准：《运输类飞机适航标准》（CCAR‐25‐R4）。

（2）环境保护要求：《涡轮发动机飞机燃油排泄和排气排出物规定》（CCAR‐34‐R1）和《航空器型号和适航合格审定噪声规定》（CCAR‐36‐R2）。

（3）专用条件及问题纪要。

（4）营运要求：《一般运行和飞行规则》（CCAR‐91‐R4）、《大型飞机公共航空运输承运人运行合格审定规则》（CCAR‐121‐R7）。

（5）型号合格审定规定：《民用航空产品和零部件合格审定规定》（CCAR‐21‐R4）。

（6）其他适航当局认定的法规。

对于新机研制项目，在适航审定之前，适航证申请人应完成所有检查和试验，并提供符合性报告，以便确定设计符合适航标准、材料和产品制造符合型号设计规范、零部件制造符合设计图纸、制造过程和装配工艺符合型号设计。初始适航问题的核心是取证构型的定义和构型管理。为什么商用飞机的适航当局都关注和紧紧"揪住"构型管理，因为适航审定过程不仅仅是产品合格审定，也包括对过程的审定。构型管理中功能构型审核（FCA）和物理构型审核（PCA）过程与适航审定目标是一致的，应确保文文相符、文实相符。

产品适航审定过程中缺乏构型管控会导致的典型问题如下：

（1）试验件的设计状态不清，制造状态不清，作为申请人，主制造商不清楚试验验证什么样的设计，局方也不允许进行试验，则导致研制进度无法落实。

（2）如果主制造商不能通过过程构型管理给出制造的试验件和最终提交给局方进行批准的型号设计差异的符合性影响评估的证据，则最终提交给局方的型号设计就不能得到批准，局方将按照用什么样的试验件做的试验（包括飞行试验）就批准什么样的型号设计的标准来进行审批，这就意味着批生产飞机都不能交付。

（3）取证构型迟迟不能冻结，主要由于设计错误不断，工程更改不断，影响了试验机（件）的制造，造成产品的取证构型和试验机单机构型状态不清晰稳定。

### 3.2.4　生产批准和监督程序对构型管理的要求

CCAR－21－R4 第 21.137 条质量系统规定：生产许可证的申请人或者持有人应当建立并书面描述一个质量系统，以确保每一民用航空产品及其零部件均能符合经批准的设计并处于安全可用状态。《生产批准和监督程序》（AP－21－AA－2019－31）要求对已获得局方批准的设计应制定设计更改控制要求，以确保能够持续保持定义产品构型及设计特征所必需的设计资料、图纸、零件清单和规范的完整性，以确保使用的设计资料和技术资料是现行有效的、准确无误的且已获得批准。

对局方批准的设计或质量系统文件产生影响的设计资料控制、供应商控制、检验和试验程序、航空器维护程序等质量要素都离不开构型管理过程。

设计资料控制质量要素规定设计资料和技术资料及其后续更改的控制要求，以确保使用的设计资料和技术资料是现行有效的、准确无误的且已获得批准。供应商控制要素规定确保供应商提供的每一航空产品或零部件都符合经批准的设计；如果供应商提供的航空产品或零部件被发现存在不符合相应设计资料，则要求该供应商向生产批准证书持有人报告。航空器维护程序要素用于从生产完成之后直至交付之前，维护航空器以保持安全可用状态。这些质量要素都与构型管理有着紧密联系，与此相关的构型管理包括如下相关内容：

（1）是否控制设计资料和技术资料及其更改？

（2）是否对设计资料和技术资料进行存储、保护及使用等方面的管理？

（3）对那些在经局方批准的设计中引用的技术资料［如技术规范、安装说明（如适用）和机载软件文档等］的更改，是否进行适当的记录并批准？

（4）设计资料的型号设计大改或小改是否按照局方可接受的方式获得批准？

（5）为消除不安全因素而必须进行的设计更改是否纳入局方批准的设计中并予以贯彻？

（6）持续适航文件是否随设计更改进行更新，并提供给相关人员使用？

（7）为贯彻适航指令或为提高产品安全性而对已获局方批准的设计进行更改时，是否向产品用户提供有关的说明性文件和资料？

（8）服务通告和维修手册及其更改是否经授权人员批准，并与局方工程人员协调？

（9）制造、质量及服务/支援部门是否参与设计资料和技术资料及其更改的评审？

（10）是否控制供应商的设计及其更改？

（11）电子存储并传递的设计资料、技术资料和质量资料是否得到充分控制并分发给供应商？

（12）是否有用于控制机载软件构型的软件构型管理计划（SCMP）或工作程序？

（13）在安装/交付之前，入库的航空产品/零部件是否贯彻规定的设计更改？是否贯彻规定的适航指令或服务通告？是否按持续适航文件贯彻规定的维修要求？

## 3.3　构型管理与质量管理的关系

构型管理与现代质量管理体系密不可分。

1995 年，国际标准化组织（ISO）发布了《质量管理：构型管理指南》[ *Quality management—Guidelines for configuration management* （ISO10007：1995）]，把构型管理列入质量管理体系。

在质量管理规范 ISO9001（2000）中，明确了构型管理的要求。在管理责任中，要求对文件进行控制。在产品的实现中，产品的设计和研发必须控制它的输出、验证、确认和更改。在生产和服务操作中，应恰当地标识和追溯。在供应商管理中，要求供应商建立、文件化和维护构型管理过程，并与其产品适应。

质量管理规范规定了：构型管理系统、描述和目标，构型管理过程，构型管理组织，构型管理程序，构型管理系统审核。

2009 年国际自动机工程师学会（SAE）颁布了航空航天领域的质量系统规范 SAE AS9100C。

AS9100C 规定：组织应建立、实施和保持构型管理过程。同时，该规范给出了设计、研发、生产、安装和服务中的质量保证模型，并对构型管理做了详细规定，包括管理的责任，资源管理，产品的实现、测定、分析和改进。

因此，构型管理又是现代质量管理体系的重要组成部分。

AS9100C 规定：组织应策划、实施和控制适合于组织和产品的技术状态管理过程，以保证在产品全生命周期中对物理特性和功能特性的标识和控制。此过程应控制产品标识和对要求的追溯性，包括识别的更改的实施，确保形成文件的信息（如要求、设计、验证、确认和验收文件）和产品与服务的实际特性一致。

构型管理审核包括如下内容：

（1）产品研制：结合设计定型/适航审查进行。

（2）产品试制：结合试制技术鉴定进行。

（3）零部件试加工：结合首件鉴定/生产过程验证进行。

（4）批生产：产品审核、生产过程审核、构型管理过程审核、供应商的构型管理审核。

生产单位的构型管理包括如下内容：

（1）编制构型管理计划或程序。

（2）识别构型项。

（3）满足设计文件的构型要求。

（4）确定并识别每个构型项的构型文件（图纸、规范、工艺文件、工装文件、检验文件等），汇总清单。

（5）贯彻实施设计更改，记录、报告设计更改情况。

（6）控制制造过程更改、控制不合格品。

（7）实施设计文件要求的标识可追溯性要求。

（8）对第1~7项工作进行文件控制和记录控制。

（9）定期报告技术状态。

（10）进行技术状态审核。

产品和服务的设计和开发包括如下内容：

（1）对于影响客户要求的更改，组织应有一个在实施前通知其客户的过程和准则。

（2）组织应保留下列形成文件的信息：设计和开发的更改、评审的结果、更改的授权、为防止不利影响而采取的措施。

美国航空质量集团（AAQG）开发的《质量管理体系——航空、航天和国防组织的要求》（SAE AS9100），是针对航空航天领域相关产业的专业标准，其中有一个章节是"技术状态管理（configuration management）"。但该标准对所谓"技术状态管理"并没有提出详细的要求，而其他章节的内容与构型管理的内涵有很多的重合，举例如下：

（1）"文件控制""设计和开发更改的控制""生产和服务提供的控制""生产过程更改的控制""不合格品"等章节的内容与构型控制的要求高度一致。

（2）"记录控制""标识和可追溯性"等章节，反映了构型标识和构型纪实方面的要求。

（3）"首件检验""评审"或"验证"有关的章节，恰恰是构型审核所关注的。质量管理关注的对象，例如"文件""记录""产品实物"都是构型的载体，也是构型管理的对象，各项构型管理的落实也处于质量监控之下。从某种视角上看，构型管理与质量管理就是合二为一的。

构型管理的定义是使用适当的过程、资源和控制，建立和维持产品构型信息与产品之间一致性的技术和管理过程。

质量管理的定义是在质量方面指挥和控制组织的协调活动。质量管理是以质量管理体系为载体，通过建立质量方针和质量目标，并为达到规定的目标进行质量策划，实施质量控制和质量保证，开展质量改进等活动而予以实现的。

构型管理和质量管理侧重点不同。质量管理是通过控制产品形成的各个环节的影响因素［如人、机（机器）、料（材料）、法（方法）、环（环境）、测（测量）六要素］来达成质量目标。而构型管理只关注于产品形成过程中构型信息与产品之间的一致性。质量管理过程中产生的数据，只要是与构型信息相关的，都可以作为构型管理的输入。

构型管理是质量管理的重要组成部分。

在开展构型管理策划时，应充分考虑质量管理的要求，构型管理体系是质量管理体系的一部分，具体的构型管理组织体系中，质量是重要的组成部分。

在开展构型审核的过程中，可以同时开展质量审核。构型审核作为质量审核的一部分，也可以直接采用质量审核的结果作为验证、确认构型符合性的输入。

构型审核的问题，往往需要结合质量管理的平台，通过质量管理的全面整改，才能达到目的。

质量管理体系的完整有效运行，给构型管理创造了良好的管理环境，所以在策划构型管理工作，特别是策划供应商构型管理工作时，质量管理体系的运行情况是一个重要的参考指标。

## 3.4  构型管理与需求管理的关系

构型管理与需求管理都是技术管理的一部分，同属于系统工程的专业范畴，是适航当局关注的设计保证体系的重要组成，所以两者有很多相似的地方。

两者都贯穿于产品全生命周期。需求是产品的起始点，构型是产品的最终形态，所以在产品立项之初就要对构型和需求的管理工作进行全局规划，识别利益攸关方的需要，并对需要满足的标准、适航规章、客户要求等进行整理，以此为输入，结合项目研制模式、组织架构、产业链供应链情况、选择的供应商资质等提出与产品研制程序匹配的工作规划，确定管理的目标、思路、策略、原则、主要活动、方法和具体规则等，确定利益攸关方职责、所需资源、与相关专业的工作接口等，以便于指导参研团队的具体工作。此外，还需要在产品研制全生命周期中推广和监督规则的执行，对不符合要求的行为要及时纠正和整改。

两者都覆盖工程、制造、客服、试飞等领域。不仅仅工程中需要构型管理和需求管理，两者在制造、客服、试飞领域同样需要。例如工艺验证需求、维修工程需求、试飞需求等，这些需求都要层层传递，落实到产品的详细设计数据中。

两者在对需求的管理目标上是相同的，都以提高需求的准确性、完整性和可追溯性为目标，并对需求的落实情况进行跟踪、确认和验证，保证自顶向下的需要、需求架构和实现是完整的、正确的和彼此一致的，并指导相关设计工作，最终保证产品满足客户的期望。两者都要求需求表达清楚、规范，不能有歧义；两者的管理工作通过建立并在变更过程中持续维持逐级分层追溯的需求，确保项目需求能层层分解、层层确认、层层落实和层层验证，能够不多不少地落实到飞机产品、服务和对应的使能体系中，确保最终产品能够满足最初的利益攸关方需要。

两者有相似的过程，主要包括如下几点：

（1）一是统筹策划，规划全生命周期活动。

（2）二是标识，识别出需要管理的对象，对对象进行唯一标识，不允许同一对象对应不同的编号，也不允许同一编号对应不同的对象；通过产品结构建立并维护利益攸关方需要、不同层级需求、设计文档以及验证与确认数据之间的追溯性，以产品分解结构（PBS）为核心建立数据组织架构，并根据不同的用户需求产生不同的视图。

（3）三是控制，对产品全生命周期内需求的设计状态更改进行管控，对需求条目的更改采用控制流程，通过一个有效的数据和流程管理机制，对其更改的影响程度进行评估，并对更改的合理性进行决策。

（4）四是纪实，对需求条目的更改过程进行记录，跟踪其演变过程，并定期对需求条目的情况进行汇总分析，评估策划的完整性、标识的合理性以及控制流程的效率。

（5）五是审核，定期对不同层级需求的链接进行审核，以确保符合性。

两者都需要信息化工具的支撑。因为飞机产品的复杂性，数据载体的多样性，导致最终的产品数据的总量庞大，仅仅需求条目就有上万条，所以都需要通过信息化工具来支撑。两者的管理规则和流程需要固化在信息化平台里，构建数据的核心架构，定义控制流程，配置不同的角色，以此来约束数据的产生、流转、更改、归档、发放等，从而提高管控的效率，提高数据的使用便利性。信息化工具通常是由一个或多个功能模块组成的管理平台，该平台可建立唯一数据源，对管理的数据对象进行分类和整理，控制访问权限，提供数据接口，进行状态统计等。构型管理的典型平台有 PTC 公司的基于 Windchill 的 PDM/PLM 平台，需求管理的典型平台有 IBM Rational DOORS 平台。

两者都与产品数据管理有很大关系。两者的管理对象很大一部分都是产品数据，所以管理规则应与产品数据的管理规则相匹配，都需要在满足产品数据管理要求的基础上提出更高的要求。但两者也会产生一些产品数据，例如需求文件、功能定义文档、功能接口控制文件（FICD）、图样清单等。两者是产品数据管理的受益者，也是产品数据管理的推动者。两者都需要标识产品数据的适用范围，确定数据的属性或者标签，例如生效的型号系列、匹配的发动机类型、客户化选项等。

构型管理与需求管理作为两个不同的专业，存在不少差异，主要包括如下几点：

（1）两者的管理对象有差异。构型管理的对象为产品需求、产品构型信息和产品，其中产品需求、产品构型信息为产品数据的一部分，产品就是物理实体或服务。需求管理的对象主要为产品需求，也可延伸到功能、接口等内容，向上关联需要，向下关联设计与实现，横向关联验证和确认，但不包括需要、设计与实现（物理实体或服务）及验证和确认等的管理。所以，可以说构型管理的对象范围更广，而需求管理的对象更单一。此外，构型管理以构型项为颗粒度进行管理，需求管理以需求条目为颗粒度进行管理。

（2）两者管理的程度有差异。构型管理的流程更严苛，决策考虑的因素更全面，包括技术、进度、成本等要素。相比之下，需求管理的流程更为灵活，更为深入，侧重于技术因素，可以在较短时间内形成多轮迭代。需求变更请求是设计更改的重要组成部分，是需求管理流程的重要输入，这些需求可能在项目全生命周期的任何阶段产生，可能来自外部客户、内部评审及技术评估工作的评估结果等。

（3）两者的生效时间有差异。需求管理介入的时间比构型管理更早，其从需求条目的捕获、产生、表达、标识、迭代就开始介入，规定了需求捕获的方式和表达方式，先有需求管理后有需求条目。构型管理是在需求条目的成熟度达到要求的水平，随产品进行转阶段评审后才开始介入，先有需求条目后有构型管理。

（4）两者使用的方法不同。需求管理使用的方法通常包括需求捕获、功能分析、需求确认、需求验证、架构建模、测试等。目前，基于模型的系统工程（MBSE），即开发生命周期中使用集成系统模型的学科，是一个热门课题。在不同阶段会产生不同的模型，例如在与客户沟通，需要陈述时可建立使用模型；在进行利益攸关方需求捕获时，可建立功能模型等，这些模型可帮助需求工程师对具体层级上的需求进行分析。而测试在每个层级都与需求密切相关，用以探测或防止偏离需求的一切活动。需求管理会通过需求确认矩阵来确保需求的合理性，通常包括需求的确认方法、确认证据和结论等。需求管理也会通过需求验证矩阵来确保设计实现对需求的符合性，包括从需求追溯到验证的方法、程序和用例、结果等。需求的追溯关系须进行设计评审，确保所有的上一层级需求都被分配到低级别需求。在建立需求追溯时，应避免需求在不同层级之间的重复，要明确需求的颗粒度。而构型管理使用的方法主要有建立基线、调研、评估、以往型号数据统计、事前决策和事后审核等，以物料清单（BOM）为抓手，统筹客户承诺、工程数据配置、单机制造、单机偏离、交付、运行维护等活动。

构型管理与需求管理既有相似点，也有差异。对产品研制来说，构型管理与需求管理相辅相成，不可分割，互为支撑，共同推进产品研制的规范化，做到文文相符，文实相符。

从所起作用上来说，构型管理为需求管理提供核心数据组织架构、合理的组织体系、完备的构型控制流程、详细的需求纪实信息以及构型审核等，可帮助提高不同层级需求之间的一致性；需求发生更改后，经过合理的决策并得到有效贯彻，督促和监督设计方案通过必要的确认和验证方法表明满足需求。需求管理为构型管理提供需求条目的捕获、标识、链接、变更及传递，提高需求的成熟度，减少需求的更改量，提高更改后影响评估的完整性，并帮助构型管理明确需求的设计状态，提高不同层级需求的一致性。在对需求的管理上，构型管理离不开需求管理；在对需求的实现上，需求管理离不开构型管理。

需求变更是设计更改的重要组成部分，一旦需求通过评审、试验、仿真等完成确认和验证，它们就被纳入正式的构型管理控制之下。两者就像接力赛跑，需求管理在前半程，构型管理在后半程，如图3-3所示。随着产品研制的迭代进行，前半程和后半程也不是一成不变的，有时候也需要后半程再传递给下一阶段的前半程。任何对需求的正式变更均需要通过构型管理组织决策批准，总师、项目经理、制造、客服、成本、质量等方面的关键工程师参与评估流程，以评估变更的影响，包括技术、进度、商务等方面的。

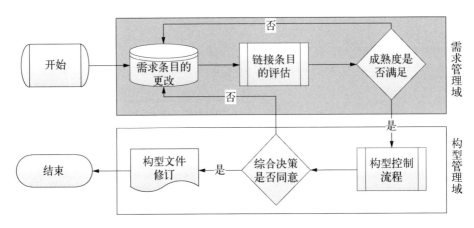

图 3-3　更改过程中构型管理与需求管理的关系

## 3.5　构型管理与供应商管理的关系

　　供应商管理是对供应商的了解、选择、开发、使用和控制等综合性管理工作的统称。供应商管理涉及面广，在诸多领域都有供应商管理的要素，如采购管理、项目管理、质量管理、适航管理、构型管理等。在不同领域，供应商管理的工作内容和侧重点各有不同。从采购的角度看，供应商管理可体现为供应商筛选、供应商评估、供应商合同洽谈、供应商绩效管理和监控、供应商培育、供应链管理等；从项目管理的角度看，供应商管理的工作内容包含供应商计划管理、供应商进度管理、供应商风险管理等；从工程技术管理的角度看，供应商管理涵盖供应商需求管理、供应商接口管理、供应商构型管理、供应商过程保证管理等。

　　商用飞机全生命周期构型管理过程中，针对供应商的构型管理工作是很重要的一环，同时，供应商构型管理和其他领域的供应商管理工作相互交织，例如质量管理的供应商管理工作中包含供应商构型管理的相关内容，适航管理的供应商管理工作也包含构型管理的相关内容，而采购管理针对供应商的各过程活动是供应商构型管理工作的重要载体。其具体关系体现在供应商构型管理工作的细节中。

供应商构型管理包括对供应商交付产品的构型管控以及对供应商构型管理体系的认可和监督。实施供应商构型管理可以更好地融合主制造商与供应商的构型管理体系，使产品定义及更改信息能够顺畅地传递，从而对供应商负责的产品及其相关的构型文件进行有效管理，以确保飞机构型状态完整、准确、可追溯。同时，确保供应商产品有构型管理体系保障，且主制造商可通过对供应商开展审核以掌握供应商构型管理体系的运行情况，从制度上进一步确保了飞机构型状态可控，可以说供应商产品研制的相关体系是飞机研制体系在产品层级上的有效延伸。

在商用飞机产品采购环节中，确定与供应商负责产品（工作包）相适应的构型管理要求，是主制造商开展构型管理策划活动的一个重要输出，相关要求最终通过合同、采购订单或其他分包协议与供应商达成一致。在供应商选择阶段，主制造商通过招标书将构型管理初步要求传递至供应商，并通过招标书的回复以及澄清问题的征询书与潜在供应商开展充分交流，评估供应商构型管理体系是否符合主制造商的要求；待合同签订后，供应商有义务按照合同要求开展构型管理工作，提交工作说明书中商定的交付物。主制造商有责任对供应商构型管理活动的执行进行监督和反馈。

在飞机的研制阶段，尤其详细设计结果纳入构型控制后，大量更改和优化须通过工程更改控制流程完成，其中不可避免会涉及供应商产品，部分工程更改须传递至供应商处落实，在工程更改评估环节须由供应商评估更改对工程、商务、进度等方面的影响。当供应商产品自主研制过程涉及接口、功能、性能等方面时，也须通过工程更改流程传递至主制造商，以评估其对工程、商务、进度等要素的影响。此外，定期针对供应商构型管理活动的输出物开展审核，以确保其构型管理体系有效运转，是主制造商开展构型管理工作的一部分，也是质量、适航和供应商监督管理的重要组成部分。

因此，可以说供应商构型管理是供应商管理的组成部分和专业侧重点，构型管理为主制造商与供应商在工程、商务等方面的协调提供了规范、严谨的流程和规则，主制造商与供应商在构型管理规则和流程上达成的统一意见也为质量管理、适航管理等领域的合规提供了支持。

## 3.6 总结

商用飞机构型管理的对象是商用飞机产品及产品信息，构型管理活动特点源自商用飞机产品特点。

从商用飞机产品特点来看，商用飞机是一个高科技、多学科综合的复杂系统工程，覆盖总体外形/布置/布局构型、空气动力、操稳、性能、重量、颤振、载荷、标准材料、强度、疲劳损伤容限、结构、通信、导航、自动飞行、航空仪表/显示、电源、照明、飞控、液压、防火/防冰/排雨、燃油、动力、辅助动力装置、环控、内饰、地面设备、水/废水等学科，是真正意义上"现代工业的皇冠"。商用飞机又是典型的高风险、高投入、长周期、低回报的行业，整个研制过程涉及巨额资金投入，研制周期短则 5~8 年，长则 10 多年，这就决定了卖出足够多的飞机才能达到盈亏平衡点，实现商业成功。

另外，商用飞机的用途决定了产品质量的重要性，技术的复杂性决定了必须实行最严格的质量适航管理，商用飞机产品研制的巨额投资要求更完善的质量管理体系，商用飞机产品质量关系到人民生命安全和我国航空工业的兴衰。

商用飞机的质量适航要求严格，飞机使用的安全性和适航性是压倒其他一切要求的首要考虑因素。商用飞机的第一要务是安全，适航就是为了保证飞机安全。民航规章体现了民航业的运行规律，是安全理论与实践经验的高度统一。商用飞机在整个研制、运营过程中都要满足民航适航法规的要求，其制造的质量要符合安全的标准，适航的要求是一架飞机最低的、最基本的安全要求。飞机的质量部门要严格按照设计的准则、适航的要求把控产品。构型管理过程属于公司的质量体系的重要组成部分，这是显而易见的。构型管理过程的缺失或失效都会导致飞机构型状态的混乱、错误或者不符合，进而导致飞机项目无法顺利地完成取证和交付，这对公司的影响是巨大的。

从商用飞机产品数据来看，商用飞机的全生命周期产品数据是海量级别的数据。在产品研发、生产制造、试验试飞、运行支持、航线运营、改装维护、拆解报废和资源再生的飞机全生命周期过程中，产生的产品数据具备数据量大、时空复杂性强和不确定性高的特点。构型管理就是一套系统的流程和方法，确保客户需求、产品数据和最终产品的持续一致和持续符合。

飞机的产品数据是指用于标识和定义产品的各种构型信息，包括产品的功能特性；产品的性能，如可靠性、可维护性、安全性等；产品的物理特性，如产品的外形、重量、平衡、惯性矩；产品的接口特性，包括物理接口和功能接口等；验证产品是否达到设计的功能特性、物理特性、接口特性所需要的试验程序等。商用飞机产品由百万级别的零部件组成，每个零部件在产品研发定义阶段都将产生产品设计要求、需求文档、功能定义文档、接口文档、原理图、图样集（图纸、数模、清单等）、工艺规范、材料规范、确认验证文档、试验验证文档、检测程序等方面的设计数据。生产制造阶段将产生制造物料清单（MBOM）、装配大纲（AO）、供应商产品交付规范书（SPS）、零件状态记录（MPR）、制造大纲（FO）、工装指令（TO）、材料需求明细表等生产制造数据，以及故障拒收报告（FRR）、代料等方面的偏离数据、质量检测数据等。试验试飞阶段将产生与飞机产品相关的设计和实物构型数据，与测试改装产品相关的设计和实物构型数据，与试验试飞过程相关的工程技术文件（试验规划、科目构型要求、试验大纲、试验报告等）等构型数据。运行支持阶段将产生一批持续适航文件和手册，如飞行机组操作手册（FCOM）、飞机图解零件目录（AIPC）、主最低设备清单（MMEL）等，以及产生客户服务文件运行类通告（如 FOT、OEB）。航空公司运营过程中将在主制造商数据的基础上增加改装数据、突发损伤超手册修理数据、例行检查数据、故障数据、维修维护数据。

假设一架窄体客机有 300 万零部件，每个零部件有 6 份数据定义，设计环节就会产生 1 800 万份数据，再加上生产制造、试验试飞、客户服务等全生命周期产生的上亿份数据，会产生海量的产品数据；并且每个设计全生命周期都不是一成不变的，每次变更都会产生复杂的数据变化，可谓牵一发而动全身。管理商用飞机这样一个高端复杂产品，需要面临海量、复杂的数据挑战。此外，商用飞机全生命周期长达 10~20 年，涉及数万人参与，这在复杂性和不确定性方面都对商用飞机构型管理提出了巨大挑战。商用飞机构型管理活动是一个高端、复杂的系统工程活动。

在商用飞机项目中，所有的管理都是为了服务项目，项目的目标在于缩短交付周期、降低成本、提高产品质量、增强客户满意度。商用飞机研制项目涉及很多顶层的管理领域，如项目管理、质量管理、工程管理，而构型管理是这些顶层管理的业务流程基础和管理抓手。如果缺乏完整、有效的构型管理，则无法做好顶层管理。

系统工程是一套涉及系统设计、实现、技术管理、运行和退役的多学科方法论。数据管理、需求管理和构型管理都属于系统工程的技术管理流程。不同的技术管理过程分别有不同的侧重，在某些方面存在优化，需要打出组合拳才能达到最佳效率。这些技术管理要取长补短、相互融合，而不是各自为政，增加项目的负担。产品数据管理过程是指在产品和数据的全生命周期中，为与需求一致的产品以及与产品相关的数据进行规划、获取和提供管理规范化的过程，产品数据管理聚焦在规范数据的创建、签署、存储、发放、检索等，在产品数据的编制、签署、版本管理上具有优势。商用飞机产品全生命周期中，需要关联大量的、不断增加的产品数据，而且这些数据都是动态的、变化的，数据的质量决定产品的研制质量和工作效果，产品数据的清晰、简洁和有效还需依靠产品数据的确认、发布，以及变更产品数据流程的清晰和有效，这些都是构型管理的优势所在。统一的构型管理业务流程是实现统一和有效性产品数据的前提和基础。

需求管理工作、构型管理工作同属技术管理工作。需求管理对在利益攸关方需求捕获、功能分析和需求分析中产生的利益攸关方需求、产品需求以及设计综合、产品集成、验证和确认过程中产生的基于需求的设计、验证和确认数据进行管理，确保产品严格满足需求，并最终满足利益攸关方需求。

需求管理的目标是确保产品严格满足需求，并最终满足利益攸关方需求。构型管理的目标是在产品全生命周期内，保证产品需求、产品构型信息与产品本身之间的一致性。从目标来看，需求管理与构型管理是一致的，需求管理更侧重于利益攸关方需求的捕获、需求条目的捕获、需求表述规范性要求、需求之间的链接及传递、功能建模等方面，不断提高需求的成熟度和可追溯性。构型管理的优势在于能够建立商用飞机各个系统、各个零部件、各个设备和软件之间的关联关系，建立这些产品与其相关数据的关联关系；静，可以建立构型基线，动，可以追溯实施进展。当商用飞机复杂产品遇到了大数据，当许多参研人员遇到了长周期，构型管理就显得尤其重要。从范围来看，构型管理的对象为产品需求、产品构型信息和产品，其中产品需求作为产品数据的重要组成部分，是构型管理的核心管理对象。需求管理的对象主要为产品需求，也可延伸到功能、接口等内容，向上关联需要，向下关联设计与实现，横向关联验证和确认，但不包括设计与实现（物理实体或服务）及验证和确认等的管理。需求要保持持续清晰、简洁和有效，高效实施需求变更依赖需求和数据的结构化与产品结构管理，高效的变更流程等构型管理核心业务流程。更进一步讲，需求不能独立于产品设计与实现（物理实体或服务），需依赖统一的构型管理业务流程，才能实现需求和产品设计与实现之间的持续一致和持续符合。因此，构型管理目标的实现关键是对"需求"、变更和产品实现的管理，从这个角度来看，需求管理是构型管理的核心，没有清晰、简洁和有效的需求管理，构型管理目标无从谈起。构型管理为需求管理提供统一的业务流程和需求落地的技术路径，没有清晰的需求及其数据的结构框架、统一的构型基线和高效的变更流程，需求管理就无法持续并最终落地。

构型管理是现代质量管理体系的重要组成部分。航空质量标准 AS9100 规定，组织应策划、实施和控制适合于组织和产品的技术状态管理过程，以保证在产品全生命周期内物理特性和功能特性的标识和控制。此过程应控制产品标识和对要求的追溯性，包括识别的更改的实施；确保形成文件的信息（如要求、设计、验证、确认和验收文件）和产品与服务的实际特性一致。

构型管理又是适航法规和规章体系的重要组成部分。项目构型管理应该遵循所有相关适用的规章要求和民用航空局提出的附件要求。通过实施构型管理，应该确保如下几点：

（1）能够向局方表明取证飞机的型号构型状态，试验验证飞机的单机构型状态，以及与型号构型之间的差异。

（2）所有属于型号合格所对应的型号设计资料均处于构型控制下，必要时，可以获得局方或授权人员的批准，同时任何时候均可以向局方表明型号设计的更改变化过程。

（3）在取得型号合格证后，针对型号设计的更改，能够按照条款的要求进行分类、管理、决策、实施和验证，型号设计被规范、有效地维护。

（4）飞机交付客户后，由商用飞机申请人提出的任何更改都应该经过严格评估，保证飞机持续适航。

《航空器型号合格审定程序》（AP-21-AA-2011-03-R4）中提出对构型管理的要求，即试验产品的说明，包括试验产品的构型及偏离、制造符合性检查及试验产品构型偏离的影响评估等。在对试验类产品进行制造符合性检查前，申请人、工程审查代表和制造符合性检查代表都应该对试验产品构型、试验设备构型以及预期结果有清楚的了解。确认各项记录表明了所有的软件产品（包括支持软件）和程序处于构型控制之下。提交审查组批准的最终型号资料必须包括已经试验验证的全部设计更改，并且申请人的构型控制系统应保证将所有更改并入生产图纸。

《生产批准和监督程序》（AP-21-AA-2010-04-R4）要求对已获得局方批准的设计应制定设计更改控制要求，以确保能够持续保持为定义产品构型及设计特征所必需的设计资料、图纸、零件清单和规范的完整性，以确保使用的设计资料和技术资料是现行有效、准确无误且已获得批准的。

# 第4章 商用飞机构型管理理念与实践

## 4.1 PBS、产品分类和特点

产品是构型管理的对象。产品的范围、类别及特点不同，对应的构型管理流程、方法、程序也可能不同，产品类别的划分有利于产品的标识和追溯。根据不同维度可以有不同的产品分类方法，如可按照层级、功能特性和物理特性、标准化特征、生产关系、实物更改特征等不同的维度划分。

按照飞机层级来划分，产品既可以是一整架飞机，也可以是组成飞机的零部件。商用飞机的研制是一个系统工程的过程：按照 PBS 分解原则，以开发过程为导向，按一定的分类法，结合项目确定的基本原则、产品特征或隶属关系，将高度复杂集成的飞机产品逐步分解为功能相对单一、结构独立的便于实现的简单产品，并对每一层产品进行说明，最终形成一套完整的产品结构体系。完整的 PBS 应分为三个大层级：飞机层、系统层和组件/设备/软件层，每一个大层次也可以分为不同子层级。

通常商用飞机产品分为四类，分别是标准件和材料类、自制件类、定制件类、货架产品类。

（1）标准件和材料类通常是在制造过程中重复性生产或使用的项目，它需要符合国家或公司［如美国国家标准协会（NSA）］定义的标准，由国家、行业协会通过合格证控制，不需要分配主制造商件号。

（2）自制件类是由主制造商设计和生产或交由供应商生产的件，需分配主制造商件号。

（3）定制件类可进一步分为定制功能结构件、定制系统成品件，均为随机取证件，需有主制造商件号。

（4）货架产品类可分为标准功能件和技术标准规定（TSO）件，标准功能件如轴承等与标准件要求一致，一般按合格证控制，不需要主制造商件号；TSO 件一般由所在国的局方控制，原则上应赋予一个主制造商件号。

## 4.2　标识号、3F 与互换性

产品的外形（form）、配合（fit）、功能（function）简称 3F。

### 4.2.1　产品及数据标识

产品及数据标识为产品及数据提供唯一的标识，以区别不同的构型状态，为商用飞机构型管理提供了管理对象。

根据构型管理对象及目的不同，一般产品及数据标识分为整机标识、件号标识、逻辑识别号标识等。商用飞机产品系统标识应清晰、准确、唯一地识别出产品的构型状态，满足在全生命周期中，对型号设计构型定义、系列化发展以及单机构型管理等方面的要求。

按照工作场景和标识使用方的不同需求，同一产品系统可能会分配不同的标识号，如整机层面的飞机架次号、客户标识号（FSN）、飞机注册号等，对其组成产品通过件号、逻辑识别号等进行标识，每一个产品的各标识信息之间应建立准确、动态的对应关系。

### 4.2.2　整机标识

对于经常乘坐飞机旅行的人们来说，应该都听说过波音公司的波音 737、波音 747 飞机以及空客公司的空客 A330、空客 A320 飞机等，那波音 737、波音 747、空客 A330、空客 A320 这些数字和字母代表着什么意义呢？还有每架飞机尾部都喷涂的一串字母和数字又是什么含义呢？其实这些字母和数字都是某一种商用飞机整机标识的代码，代表商用飞机的型号、系列、型别、功能、尺寸、飞机注册国籍、注册流水等信息。整机标识号可分为型号代号、制造流水号、客户标识号、飞机注册号。每种整机标识号从不同角度描述了飞机的一些基本属性信息，在不同使用场景下发挥不同作用。具体如下：

（1）型号代号（type code），如本节开头所列的波音737和空客A320，还有中国商飞的C919。这些代号都是用于获取型号合格证的特定航空器唯一标识号，一般由字母、数字和符号组成。只有获取型号合格证后，飞机才能交付给航空公司用于运营。型号代号也是后续飞机开展系列化研制的基础，如C919取得了型号合格证，后续便可在此基础上开展货机、医疗机、公务专机等系列化研制。

（2）型号流水号，是某型号某架飞机在型号中的总流水号，用于表示该架飞机在型号中的研制顺序。以中国商飞某型单通道飞机为例，飞机型号流水号由飞机型号简码、分隔符、顺序号组成，其编号结构如图4-1所示。图中编号具体说明如下：

图4-1　飞机型号流水号编号结构

a. 飞机型号简码，用一位字母表示。

b. 分隔符，用下划线"_"表示，用来分隔飞机型号简码和顺序号。

c. 顺序号，用四位数字表示，依次从0001~9999编号。

（3）项目飞机系列流水号，是某型号某一系列下的某架飞机在该系列下的流水号，用于表示该架飞机在该系列下的研制顺序。以中国商飞某型单通道飞机为例，飞机系列流水号由飞机型号简码、飞机系列简码、分隔符、顺序号组成，其编号结构如图4-2所示。图中编号具体说明如下：

a. 飞机型号简码，用一位字母表示。

b. 飞机系列简码，用一位数字表示。

c. 分隔符，用下划线"_"表示，用来分隔

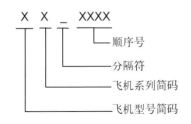

图4-2　飞机系列流水号编号结构

飞机系列简码和顺序号。

d. 顺序号，用四位数字表示，依次从 0001~9999 编号。

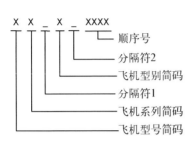

**图 4-3　飞机型别流水号
编号结构**

（4）飞机型别流水号，是某型号某一系列的某一型别下的某架飞机在该型别下的流水号，用于表示该架飞机在该型别下的研制顺序。以中国商飞某型单通道飞机为例，型别流水号由飞机型号简码、飞机系列简码、分隔符 1、飞机型别简码、分隔符 2、顺序号组成，其编号结构如图 4-3 所示。图中编号具体说明如下：

a. 飞机型号简码，用一位字母表示。

b. 飞机系列简码，用一位数字表示。

c. 分隔符 1，用下划线"_"表示，用来分隔飞机系列简码和飞机型别简码。

d. 飞机型别简码，用 1~3 位字母或数字 0 表示，如补充号为空白，则飞机型别简码为数字 0。

e. 分隔符 2，用下划线"_"表示，用来分隔飞机型别简码和顺序号。

f. 顺序号，用四位数字表示，依次从 0001~9999 编号。

（5）MSN 唯一永久标识同一型号每架飞机的总流水号，用于表示飞机制造的出厂顺序。

（6）FSN，根据订购或交付次序分配给每架交付飞机的唯一标识号，由字母和数字组成，一般的标识规则如表 4-1 所示。

**表 4-1　客户标识号规则**

| 购买方代号 | 所属型号 | 序列号 |
| --- | --- | --- |
| 由三位或两位字母或数字表示，如 CA 代表国航 | 代表飞机型号 | 表示该航空公司订购的某型号第几架机 |

### 4.2.3　型号/系列/型别

为适应系列化研制，需要针对同一型号不同系列的飞机进行标识，如波音公司波音 737 型号飞机又细分为波音 737-100 系列、波音 737-200 系列、波音 737-300 系列、波音 737-400 系列、波音 737-500 系列等。根据飞机的不同功能及用途，又产生了不同型别，如波音 737-200C 客货转换型飞机。波音公司针对各型号、系列、型别飞机完整定义了飞机整机标识规则如表 4-2 所示。

表 4-2　波音公司飞机整机标识规则

| 型 号 代 码 | 系 列 代 码 | 型 别 代 码 |
| --- | --- | --- |
| A | B | C |

（1）A 型号代码。第一位 7 来源：波音公司工程部将波音 700 系列分配给喷气运输机（600 系列分配给火箭，500 系列分配给涡轮发动机）；尾 7 来源：从波音 707 开始，营销部门决定每种喷气式飞机类型都以 7 结尾，波音 717、波音 727、波音 737 直到波音 787，而波音 797 是唯一未分配给产品的型号名称。

（2）B 系列代码。第一位代表系列，第二位和第三位代表客户代码。

（3）C 型别代码。如 F 表示货机、BCF 表示客改货、LR 表示远程。

### 4.2.4　部段标识

部段是在飞机研制过程中，基于空间区域、制造分离面、供应商分工、航材维护等各方需求分解得到的实际物理产品。

典型的飞机部段包含机头、中机身、中后机身、后机身、平尾、垂尾、机翼等，一些大的物理组件也可以定义为广义的部段产品，如舱门、小翼、雷达罩等。部段的标识号在形式上应符合统一的件号规则，但部段标识号的变更原则与件号的变更原则存在明显差异。原则上部段标识一经分配便不会变更，部段标识号不表征互换性，即相同标识号的部段产品不能直接互换。

同时对于客服要求备件的特殊部段产品，在满足所有更改均经过基于互换性的再标识判断后，部段标识号可作为件号使用，用于航材采购和维修维护。有航材备件需求的部段产品和一般部段产品应从标识规则上予以区分，或限定严格的适用范围，避免给下游的使用带来混淆。

### 4.2.5　件号标识

件号是主制造商、供应商或行业为一个零件、组件、包或材料项的标准定义。当同其制造序号相关联时，件号能够对一个给定对象提供独一无二的定义。

产品件号是标识产品构型的唯一标识符，产品件号必须能够清晰地将产品与其他产品区分开，同一件号不应该分配给不同（构型）的产品。产品件号在商用飞机研制全生命周期中的相关数据、文档、标签和实物等载体上保持一致，具有相同的规则、相同的变量、独立的用途，所有类别、所有层级的产品均应该制定清晰的件号标识规则并为产品分配唯一的件号。根据产品的类型不同，件号可分为如下几种：

（1）自制件件号：对于主制造商自主研制或自主研发后交由供应商生产的零件和实体组件，件号规则应由主制造商统一规定。

（2）设备件号：对于供应商按照公司的设计规范进行研制或完全由供应商研制的设备，件号规则应由主制造商统一规定。

（3）标准件件号：对于制造符合确定的工业或国家标准或规范的，公开发布并在航空器或其部件制造厂家的持续适航性资料中明确的产品，其件号由制造厂家按照对应的标准和规则自行定义，主制造商不再分配额外的件号。

在表达飞机构型状态时，通常需通过件号表达。工程端在设计过程中应以件号为核心完成产品的构型定义工作，在工程数据（图纸、数模/工程指令以及细目表等）中落实件号并发布，在产品件号下关联相关的产品数据。制造端应基于工程端生成的件号对象，以件号为主体规划生产计划。同时，件号应记录在对应生产系统中并标记在产品实物上，作为装机前构型比对检查和构型纪实的主体，同一件号的不同版本之间可互换，均可用于装机。客服端在执行航材业务时也应以件号为单位进行落实，如缺料申请、航材订购、入库、上架、退返报废修理等过程。

若飞机主制造商还未完全做到使用件号标识飞机产品唯一构型，则需要先给出公司统一的件号定义。在一般情况下，完整件号应由基础号、构型号、技术后缀和颜色代号四部分组成。对于使用二维图纸生产制造的飞机，其编号规则可能与当前主流机型件号标识不一致，不能使用原图号作为产品的件号。若将二维图纸编号转化为件号标识，图号与件号要有映射的关系，保证件号表达唯一产品构型，做到一个图号对应唯一件号。对于无法做到一个图号对应唯一件号的情况，需保证旧版图纸能够单独更改并且保证件号对应唯一的产品构型。对于基于模型的数据集（MBD）定义的三维化飞机，其件号应在图纸号的基础上，通过增加后缀的方式表达完整的件号（技术后缀若无特殊含义则可省略），但必须保证同一件号对应唯一的产品构型。实施件号后，产品结构也需建立以零部件为中心、模块化的产品结构组织模式，通过零部件/模块关联所有数据。产品结构基于模块搭建，建立模块/零件与规范文件、装配件、组件、注释文件等的关联，实现产品结构的扁平化、简化管理。

通过件号驱动生产、运行、维护等一系列工作的开展，更加有利于航线的维修维护，是一种以客户为中心的通行做法，对于主制造商内部也能够理顺产品更改过程、厘清产品更迭影响，给予制造、客服工作灵活性、包容性，助力飞机"好制造、好维修、好运行、降成本、能竞争"。

### 4.2.6 逻辑识别号标识

逻辑识别号（LIN）是唯一标识了飞机系统里执行一项功能的条目的标识符。

商用飞机是以件号为核心的标识体系，通过件号加序列号指向唯一的零

81

部件。但当相同件号的件在飞机上安装多次时，无法通过件号识别其在飞机上的位置，且从维修维护的角度出发，往往是先定位在飞机上的具体位置，再确定此处安装的设备、维修维护程序等，而 LIN 则体现了设备安装位置的唯一性。结合维修运营相关手册对 LIN 的落实，LIN 可大幅提升手册的使用效率，其本身也已被各家航空公司广泛使用，是一套相对成熟的编号体系。在商用飞机研制过程中，根据设备的类型和使用场景，根据需求将 LIN 分为如下四类：

（1）机械 LIN：表示纯机械设备，如泵、液压阀等。

（2）电气 LIN：表示电设备（包括与电相关的机械设备，如电设备的连接器）和软件。

（3）试飞 LIN：表示在试飞过程中加装的测试改装设备，如传感器等，在飞机交付前需移除。

（4）支持 LIN：客服和航空公司基于其自身的需求也可以创建支持 LIN，以支持设备在航线上的维修维护等。

LIN 与件号的含义不同，LIN 表达飞机上某个位置需具备某种功能，不涉及具体的物理信息，系统原理图中的设备均能与一个 LIN 对应。而件号是物理层面的标识，是具体零部件的唯一标识，若不同的设备（件号不同）在飞机上相同位置能实现同一个功能，则这些件对应同一个 LIN。因此一个 LIN 能覆盖多个件号，如在同一个位置可能安装不同供应商提供的设备来实现同一个功能，或者设备本身更新换号的情况。

对于一架特定的飞机而言，无论其对应的设备件号是否相同，LIN 都应保持唯一。系统设计方案完成后，设计方案中的每一个逻辑对象（功能项）均需分配一个 LIN，承载这个功能项所表达的设计规范，依据此设计规范采购的不同设备均可关联在同一个 LIN 下，在 LIN 与每个设备件号之间配置不同的架次，表示在不同飞机上实现同一功能使用的不同设备。这种 LIN 与设备之间一对多的构型管理方式，还推广应用到多货源配置、颜色件配置等方面，如当出现国产化多货源或者多种颜色的配置的情况时，只需更新 LIN 与件号之间的对应关系，表明安装的货源或者颜色件发生变化而无须重新发图，极大提高了构型配置工作效率。

制造端应该严格按照发布的图纸进行 LIN 工艺文件的策划、实物标记或质量检查等。一般来说，LIN 在设备旁边的飞机本体上标记，对于不方便在周围进行 LIN 标记的设备（如管路等），可以在管路上靠近接头处进行标记。制造过程中根据设备的实际物理环境确定合适的标记形式，如使用标牌、贴纸等。

客服端以原理图、线路图为依据在维修运营相关手册中落实电气设备 LIN，机械 LIN 则通过在数模或工程文件中获取，并在交付给客户的手册中体现 LIN 与件号之间的关系。可方便快速地在手册中检索和定位其对应的安装设备信息、维修程序，极大提高了维修、维护的效率。

### 4.2.7　有效性标识

商用飞机研制过程中的有效性是产品及产品数据所适用的某个特定范围的集合，此范围如飞机型号代号、设计方案、时间或生效架次等。

（1）型号代号有效性，用于标识产品及产品数据适用的型号代号的集合。通过型号代号有效性的配置能实现产品及产品数据在不同飞机系列之间的重用。型号代号有效性的表达形式为（A，B⋯），其中字母表示型号代号，不同型号代号之间应以英文逗号（,）分隔。

（2）设计方案有效性，用于标识当前设计模块是否被选中参与方案权衡。设计方案有效性可用于产品设计之初的产品结构，其只有"1"或者"0"两个状态，其中"1"表明该设计模块被选中，"0"表明该设计模块不被选中。

（3）时间有效性，用于标识数模或文件生效的时间范围。时间有效性可表达为生效时间，包括如下两种情况：

a. 设计图样发布后立即生效，生效时间即为发布日期。

b. 设计图样发布后暂缓生效，即生效日期晚于发布日期，可通过设置两个日期之间的时间差来计算生效时间，也可直接设置具体日期为生效时间。

（4）生效架次有效性，用于标识产品及产品数据生效的所有架次的集合，是特定架次飞机在其全生命周期的主标识号，可供工程、制造、试验、交付和运营各相关方使用。生效架次有效性一旦分配，原则上应该永久保持不变。生效架次有效性根据更改实施贯彻的时机和阶段分为生产线贯彻有效性和建议航线贯彻有效性。生效架次有效性可以根据更改实施贯彻的适用和执行范围分为可用有效性和执行有效性。可用有效性是为特定设计图样或数据确定的可用范围，执行有效性是为特定设计图样或数据确定的必须执行的范围。

## 4.3 型号设计

### 4.3.1 型号构型的定义与解析

型号构型是对飞机产品构型属性（功能特性、性能和物理特性）准确、完整的定义。具体包括如下三个方面内容：

（1）飞机的构型是什么样的？描述飞机及其组成部分，飞机及其组成的功能特性、性能、物理特性和外部接口要求。

（2）如何确定和检验飞机达到了期望的构型要求？描述需要开展的必要的检验和检测要求。

（3）飞机构型如何保持？描述飞机使用、维修、维护的要求。

型号构型在研制过程中逐步确定和完善，有不同的体现方式和程度，包括市场要求/市场目标，在此基础上形成的设计目标与要求，以及进一步细化的飞机各层次的设计需求、设计方案，最终飞机的使用/维护要求等，在型号构型数据中规定和记录。

结合上面三个方面的要求，型号构型数据对应四个主要过程：设计、制造、检验和使用。因此，型号构型（或称型号构型定义数据、型号构型定义文件、型号构型定义资料）是研制过程各个阶段定义飞机产品型号构型的资料的统称。这些数据共同描述飞机产品的特性以满足适航条款的要求。

型号设计是民用航空适航法规的专用名词。型号构型与型号设计（type design）、型号设计资料、型号合格证（TC）及其所附资料［如型号合格证数据单（TCDS）、使用限制等］存在明显的对应关系，但并不完全相同。型号设计是型号构型的组成部分。

### 4.3.2 型号设计与型号设计资料的判断

根据《民用航空产品和零部件合格审定规定》（CCAR - 21 - R4）第 21.31 条规定，型号设计包括如下方面：

（1）定义民用航空产品构型和设计特征符合有关适航规章和环境保护要求所需的图纸、技术规范及其清单。

（2）确定民用航空产品结构强度所需要的尺寸、材料和工艺资料。

（3）适航规章中规定的持续适航文件中的适航性限制部分。

（4）通过对比法来确定同一型号后续民用航空产品的适航性和适用的环境保护所必需的其他资料。

以上型号设计包括的资料称为型号设计资料。

依据以上定义，结合型号研制、航线运营和客户服务经验，中国商飞与上海航空器审定中心进行了多轮研讨，吸收了审查方的意见，形成了中国商飞对飞机型号的设计解读和定义，如表 4 - 3 所示。

表 4 - 3　中国商飞对飞机型号的设计解读和定义

| 序号 | 适航规章原文 | 中国商飞可解读和定义 |
| --- | --- | --- |
| 1 | 定义民用航空产品构型和设计特征符合有关适航规章和环境保护要求所需的图纸、技术规范及其清单 | 飞机层级，主要包括如下内容：<br>（1）能覆盖型号合格证数据单中所包含的飞机级技术特性和使用限制的手册和文件，如顶层的飞机定义文件、型号合格审定审查组批准的飞行手册等。<br>（2）用于检验飞机达到预期的性能/功能所制定的要求，如生产试飞要求。<br>（3）以上资料形成的清单 |

| 序号 | 适航规章原文 | 中国商飞可解读和定义 |
|---|---|---|
| | | 系统/设备层级，主要包括如下内容：<br>（1）逐级分解至航线可维护单元层级的系统/设备设计或图文资料，其中：<br>   a. 对于单独取证产品，如发动机、获得中国技术标准规定项目批准书（CTSOA）、获得设计批准认可证（VDA）的设备等，可直接使用产品安装图作为型号设计资料，并在型号设计资料数据中注明单独取证产品件号和证件号。<br>   b. 对于随机取证产品，一般优先使用安装图及细分到航线可维护单元层级的图纸/零部件清单作为型号设计资料。<br>（2）系统/设备附带的软件构型索引、完结综述（参照DO-178）。<br>（3）用于检验系统/设备达到预期的性能/功能所制定的要求，如测试/验收要求。<br>（4）在系统/设备安装图中引用的工艺规范、材料规范、技术要求等文件资料。<br>（5）型号合格审定审查组批准的系统/设备层级及结构相关持续适航文件，如安保操作指南、电气负载相关手册、电气线路互联系统（EWIS）相关持续适航文件、结构修理手册等。<br>（6）以上文件形成的清单 |
| 2 | 确定民用航空产品结构强度所需要的尺寸、材料和工艺的资料 | 机体结构和系统结构件相关资料，主要包括如下内容：<br>（1）定义零部件制造和安装要求的三维数模和/或二维图纸（含电气接线及线束图、管路图）。<br>（2）零部件制造安装图样中引用的工艺规范、材料规范、技术要求等资料。<br>（3）以上文件形成的清单 |
| 3 | 适航规章要求的持续适航文件中的适航性限制部分 | 按持续适航文件相关适航规章（CCAR 25.1529 条及附录 H25.4）要求编制的适航性限制部分相关文件，主要包括如下内容：<br>（1）适航限制部分手册，按规章一般由结构、EWIS、燃油、审定维修要求等限制项目组成，并由型号合格审定审查组批准。<br>（2）以上文件形成的清单 |

| 序号 | 适航规章原文 | 中国商飞可解读和定义 |
|---|---|---|
| 4 | 通过对比法来确定同一型号后续民用航空产品的适航性和适用的环境保护特性所必需的其他资料 | 该条目主要是使申请人在同一型号下研制后续民用航空产品时，能够通过对比法对产品进行适航规章和适用的环境保护要求的符合性验证，减少试验试飞等验证活动工作量。<br>本部分内容不是必需的，当需要使用对比法时，应针对具体型号按需制定相关技术资料，作为型号设计资料 |

## 4.4　BOM 与产品结构

BOM 与产品结构这两个词经常出现在航空行业的术语中，然而大家对其认知大不相同。在汽车行业更多提及 BOM，较少用产品结构作为术语沟通。那么，这两者到底有什么差别呢？

BOM 指物料清单，物料主要指与生产产品有关的所有零部件、原材料、毛坯、标准件、半成品、配套件、外协件、易耗品等的总称。产品由一个或者多个物料组成或生成，同时它也是更高级产品的物料。

根据 ANSI/EIA‑649B 中对产品结构的定义，产品结构由产品构型信息决定，描述产品及其组成部分的成分、关系和数量。产品结构是用来描述产品成分的常用形式，它表达了产品的组成关系，使产品与其更高级和更低级成分的关系清晰可见。常见的产品结构表现为从上至下的形式，即以终端产品作为起始向下直至最底层。

由此可知，产品结构是将飞机产品按照一定的逻辑进行分解，面向不同的用户需求可以展现为多个视图的形式，是从不同的视角去看飞机的产品数据，从而达到对数据分维度、分阶段管理，管理更高效的目的，其本质是飞机产品不同的展现形式。而 BOM 是一种产品结构的技术描述文件，它表明了整机、部段、组件、零件直到原材料之间的结构关系。因此，它又被称为产品结构表或产品结构树。

BOM 定义的是核心的产品要素，而其他各个业务领域可以基于自身的需要来定义 BOM 所需要承载的信息。所有的 BOM 都以件号为核心，强调零部件的"物料"属性，即使是在非常早期的产品规划阶段，BOM 的应用始终是基于"如何将产品生产出来才有使用价值"。BOM 代表了制造企业的核心数据，代表了产品开发周期不同阶段的产品构成要素和构成方式，是企业内最基本的交流工具。

在实际研发过程中，对于商用飞机这种结构复杂、数据量大、研发周期长的产品，需要多领域人员的协同工作，从而提高设计工作效率，减少设计返工，缩短产品研制周期。由于不可避免的设计变更（如客户需求变化、产品结构变化）和现场因素（如工艺环节、制造资源等）变化，因此产品信息的修改会更加频繁。为了加强领域间信息沟通，保证数据的纪实更新，需要实现跨专业、跨领域的工程数据变更管理，进而确保上、下游 BOM 数据的一致性。

将 BOM 系统与产品数据管理平台（如 Winchill 系统）紧密集成，可实现 BOM 结构与计算机辅助设计（CAD）数据在设计、评审、发布各阶段的一体化，以及 CAD 数据在全生命周期各阶段、全业务流程各部门的全面应用，提升数据质量，提高设计效率，消除产品设计数据信息孤岛。

目前，国外飞机主流制造商，以及系统和设备供应商基本都掌握了产品全生命周期的 BOM 定义和管理技术。基于商用飞机 BOM，整个数据流程无缝连接，构型项的选择较为合理。例如空客公司，从型号研制早期就开始规划基于全生命周期 BOM 的统一数据管理，为全生命周期产品数据的顺畅流通和统一管理奠定了很好的基础，极大提升了研制效率。例如在美国配置工程师协会研发的 CMⅡ中强调构建基于零件配置超级单 BOM 形态，强调面向装配流程构建一套实物部件层级，即以最终产品为顶层，依次向下分解为多层级的实物部件，直到最底层可从外部采购、获取的零部件（物料）。每个实物部件的负责人组织各个相关方发布对应的整体数据（规范、图纸、工艺文件、操作指南、检测程序等）。很明显，这两种理念看似简单，都恰恰解决了面向产品交付的协同设计、正向设计、成本精准控制等难题。

国内在 2006 年 12 月 15 日发布了航标《BOM 通用要求》（HB 7802—2006）。但该标准内容不够细化，可操作性也不够，特别是针对商用飞机的特点各阶段 BOM 细化不够。

近年来，中国商飞启动 XBOM 项目，根据商用飞机研制不同阶段、不同视角、不同用途规划多个 BOM。XBOM 项目的核心目的是要建立覆盖产品全生命周期的一体化 BOM，实现基于过程的工程数据管理系统。XBOM 是不同领域产品 BOM 集的统称，XBOM 中的产品节点要与产品模型建立关联，从而对产品的变更进行控制和追溯。

产品全生命周期的 BOM 可分为通用物料表（GBOM）、工程物料清单（EBOM）、选项 BOM、工艺物料清单（PBOM）、制造物料清单（MBOM）、实物物料清单（BBOM）、服务物料清单（SBOM）、运营物料清单（OBOM）等，不同的 BOM 应按照不同的过程进行产品结构重构。每类 BOM 的管理方式如下：

1）GBOM

GBOM 目前的规划分为两部分：一部分为通用零部件库，即为可跨型号使用的零部件，包括通用结构件库、机载设备库、机载软件库等；另一部分为型号/系列产品基线库，统筹管理各型号的产品数据。这两部分共同作为型号 EBOM 的输入，被其使用。所有入库的产品均应分配件号、发布对应的产品规范、发布产品数模、开展样件试制、完成试验鉴定，经过签审流程后才能被批准入库。

2）EBOM

EBOM 是设计部门产生的数据，产品设计人员根据设计要求进行产品设计，生成产品名称、产品结构、明细表等信息。EBOM 是整个 BOM 数据的源头，是工艺、制造等后续部门的其他应用系统所需产品数据的基础。

EBOM 基于以件号为核心的结构树逐层分解展开。其产品结构中的节点均为物料，是下游需要落实的部件装配、模块、组件、零件相关信息，不存在无工程定义的管理节点。

3）选项 BOM

选项 BOM 是从客户选配的角度组织飞机数据，为 EBOM 提供客户输入。它将飞机分成多个选项，并将选项与相关的构型项进行关联，赋予每一个构型项选配条件，从而实现客户的全机选配。输入客户的选项选配要求便能解析出符合选配条件的 BOM 清单，指导生产。值得一提的是，随着系列化、多型别的发展，中国商飞已经开始考虑将型号、型别、客户选项均作为选项进行管理，真正实现基于全机选项的选配过程，进一步拓展和强化了配置的理念。

4）PBOM

PBOM 是一种汇总了全机外购件、标准件、自制件，根据零部件的材料、加工方法、装配方法，按照各生产单位不同分工策划的，以 EBOM 结构为基础搭建的体现零部件制造关系的工艺流程表。

PBOM 作为工艺策划过程的产品数据组织管理和基础，服务于工艺路线（process）、零件计划（planning）和采购定额（purchasing）。PBOM 主数据表的策划内容包括但不限于：架次分工、制造路线分工、安装路线分工、工艺重构关系、工艺组件、工艺零件、物料编码、零件代码、采购定额。

5）MBOM

MBOM 反映飞机全机零部件在实际加工制造中的装配顺序、状态、安装数量、装配周期，通过对应架次装配指令树挂接并重构 PBOM 下的所有零部件关系，是生产制造与组织的依据，服务于装配顺序、装配计划和选项配置。

6）BBOM

BBOM 是以件号为核心，通过将飞机生产过程中各类纪实信息集中抽取，以生产性工艺文件为输入，通过物料编码与出入库记录串联，以 EBOM 为结构搭建实物 BOM 清单。BBOM 一般在交付前从各纪实模块中抽取记录（覆盖所有必要的可追溯记录），形成单机如命名为"As Built BOM"的纪实档案并保存。

BBOM 自动抽取制造过程数据，通过定制纪实数据集成与纪实数据应用模块，用于表达单机制造过程状态，支撑符合性验证、交付资料与客服手册、构型审核与更改决策。

7）SBOM 和 OBOM

SBOM 和 OBOM 是随着每架次飞机投入运营而建立的，在 SBOM 有效管理的基础上，基于 SBOM 和飞机交付信息生成单架飞机的 OBOM，并以 OBOM 产品结构为核心组织该架次飞机随机档案及运营过程中产生的各类数据。

## 4.5　设备和软件构型管理

### 4.5.1　设备构型管理

设备构型管理指覆盖不同的颗粒度、不同的使用场景、不同的研制及生产阶段等维度，从设备的研发、生产、采购、使用等全生命周期各阶段，对设备及其构型数据开展构型标识、更改控制及纪实等活动。

1）机载设备范围

机载设备的定义为实现特定功能的、作为型号设计一部分的装机部件，不包括用于连接和安装的管路、线束、支架、标准件和附件，其识别原则包括但不限于如下几个：

（1）能实现飞机上系统或者子系统某项特定的功能。

（2）通常由主制造商通过产品技术规范规定，由供应商详细设计。

（3）通常通过供应商采购备件。

（4）不包括定制件及其他附件，如用于连接和安装的管路、线束、支架、标准件和附件等。

2）设备构型标识的颗粒度

从设备安装的颗粒度的角度，可以将设备分为两类：装机单元和子件。子件是对应装机单元的一部分。

（1）装机单元，是以一个整体在安装图纸/数模中体现且可以独立装机的对象。

（2）子件，是装机单元拆解细分后的对象。通常子件由装机单元的设备进一步分解细化，应至少分解到航线可维护单元层级。

原则上所有装机单元在设备以及航线可维护单元层级的子件应当具有能区分产品构型的设备构型标识，通常为主制造商件号（若有）、供应商件号，部分供应商除件号外另有版本等其他标识共同标识产品构型。

3）设备构型标识

主制造商在设备管理中，对设备的设计状态通过其构型标识号及构型文件进行描述。

设备构型文件主要用于标识和定义产品的性能、功能特性和物理特性，定义和记录工程设计或产品构型，支持产品的制造加工、工程设计以及后勤保障等活动。设备定义文件包含定义该设备的工程文件、公司对设备工程资料进行归档发布并获得批准的工程文件等。

根据供应商的构型管理规则及体系审核的结果，供应商对其产品构型标识的方式分成两类：一类可通过件号唯一标识产品构型，同一件号在各场景下无差别使用；另外一类除件号之外，另需加上图样/更改号等信息标识产品构型，此类产品件号相同产品不一定能够互换，必须进一步核对其他信息使用。

4）设备数据管理

主制造商应根据构型标识的颗粒度、构型标识的方式以及分配的标识号，对设备的相关属性、工程定义、供应商资料等相关数据进行管理。在一般情况下可通过设备数据库进行管理。

设备数据库以设备件号为节点进行数据组织，管理设备相关属性，同时将定义文件关联至设备件号，管理设备对应的工程资料。对于有设备数据库的飞机项目，所有的设备需在设备数据库中管理，同时设备在设备数据库中创建后才可被使用，但发布后的数据不作为机上执行的指令，只有该设备的安装图/数模获得批准之后，获批的安装图/数模才作为下游装机执行的指令。

设备数据库中管理的对象主要为设备及其构型信息。供应商交付的设备及其构型信息通常包括但不限于如下几类：

（1）设备的主要构型信息，如设备件号、版本、更改号、名称，以及加载的软件信息，如软件件号、版本、名称等。

（2）定义设备外形、尺寸、材料、重量、安装等物理特性的构型数据，如供应商交付的机载设备顶层图纸、机载设备的安装图纸/数模。

（3）验证设备功能的验证类构型文件，如验收试验程序（ATP）等。

设备数据库产品结构分为顶层、设备件号层、底层数据。在顶层结构中系统层按照 ATA 章进行划分，设备件号层以件号为核心体现所有入库的设备对象，可以进行设备嵌套管理，同时管理装机单元及对应的子件。底层数据包含了定义设备的图纸、数模、ATP 等核心构型数据。

### 4.5.2　机载软件构型管理

机载软件指驻留在飞机的机载系统或设备中，作为飞机型号设计的组成部分的软件。在新支线飞机、大型客机的研制项目中，我国主要采用目前各国局方普遍认可的符合性方法——RTCA/DO‑178B，包括机载软件构型策划、基线建立、构型标识、问题报告、更改控制、构型纪实等，同时应建立机载软件的加载控制流程及软件供应商管控方法。

1）机载软件构型管理策划

机载软件构型管理策划确定在整个软件全生命周期中用来达到软件构型管理过程目标的方法，包括如下内容：

（1）环境被使用的软件构型管理（SCM）环境说明，包括规程、工具、方法、标准、组织责任及接口。

（2）配置标识软件全生命周期资料的标识方法及软件标识与电子设备之间的关系。

（3）基线资料确定基线的方法、软件库控制、配置项及基线可追踪性。

（4）问题报告软件产品及软件全生命周期过程中问题报告的内容及标识。

（5）更改控制受控的配置项及基线，更改控制活动及保持基线和配置项完整的方法。

（6）更改评审处理软件全生命周期过程反馈或反馈到软件全生命周期过程的方法。

（7）纪实记录能够报告配置管理状态的资料，输出软件构型项报表等。

（8）加载控制软件加载控制保护及记录的说明。

（9）软件全生命周期环境控制软件验证、加载和鉴定工具的控制。

（10）SCM 资料确定 SCM 过程产生的软件全生命周期资料，包括 SCM 记录、软件构型索引和软件完成综述。

（11）供应商控制 SCM 过程要求用于子供应商的方法。

主制造商通过对供应商交付的机载软件进行构型管理，主要实现如下目标：

（1）构型项（供应商交付的电子硬件和软件全生命周期资料）和标识被定义，并有构型管理记录。

（2）确立问题报告、更改控制、构型纪实机制。

作为主制造商，主要通过对供应商交付的机载软件进行构型管理，在构型管理策划时会明确如下主要目标：

（1）保证机载软件产品的可标识性和可追溯性。

（2）结合研制进展冻结相应阶段的机载软件产品构型并建立机载软件产品构型基线，以作为下一个研制阶段的输入依据和更改控制基础。

（3）确立问题报告、更改控制、构型纪实机制，保证构型基线的更改经过严格的评估、批准、实施和审核。

（4）降低机载软件研制和使用过程中产生的非必要成本。

2）机载软件构型控制

由于各工作包与供应商合同约定的交付情况以及供应商的知识产权保护要求，因此机载软件更改的发起通常包含如下两种情况：

（1）软件没有实现既定的系统需求，需要进行软件更改和完善，供应商对更改的启动按照供应商 SCMP 所定义的问题报告机制进行。

（2）对既定的系统需求进行更改，影响到软件实现从而需要进行软件更改时，先按照项目要求发起工程更改建议（ECP）流程，系统需求先完成更改，再依据新确立的系统需求执行软件更改流程。

主制造商在每个型号项目中都设置了构型管理组织机构，机载软件的构型管理在项目构型管理组织机构的控制之下。

3）软件构型标识

主制造商机载软件构型文件主要包括如下两部分：机载软件系统视图构型项和八类软件全生命周期资料。

机载软件系统视图构型项用于定义机载软件的属性信息，包括软件的构型标识信息（含软件件号和/或软件版本号）、软件级别、符合性方法、软件类型、名称、供应商/主制造商研发团队、取证版本、外场是否可加载、加载责任方、对应的机载设备。需统一按型号项目要求标识。

八类软件全生命周期资料，包含主制造商编制发布的和主制造商批准归档的供应商交付的文件。具体资料类型包括软件符合性验证计划（PSAC）、软件需求文档、软件设计文档、软件构型索引/软件描述文档（VDD）、软件完成综述（SAS）、软件的源代码、软件可执行目标码及软件兼容性矩阵。这些资料需统一按型号项目要求标识。

追溯性是研制过程中在两个或多个元素间所建立的记录关系，如在某项要求及其来源之间，或验证方法及其要求之间。构型基线的建立、更新与维护以及纳入基线的构型项都应该满足追溯性的要求。

4）软件构型审核

机载软件构型审核包括如下方面：

（1）供应商确保机载软件构型管理过程与被主制造商批准的 SCMP 相符合，能够实现对软件构型的持续控制。

（2）主制造商对机载软件的构型控制按照主制造商构型控制要求进行，并通过一定方式对供应商的软件开发过程实施构型审核活动。

（3）主制造商质量管理人员和机载软件构型管理人员对各系统专业实施构型审核。

5）软件构型纪实

主制造商产品团队承担软件的构型纪实工作，包括如下职责：

（1）在软件开发过程中开展构型纪实工作。

（2）标识当前已批准的软件的构型项。

（3）标识并报告所有软件更改。

（4）确保已批准软件的构型项的所有更改的可追溯性。

（5）确保机载软件系统视图构型更改的有效性。

软件构型纪实主要包括如下内容：

（1）飞机型号。

（2）所属系统/子系统。

（3）供应商/主制造商研发团队。

（4）ATA 章节。

（5）软件的件号和/或版本、软件版本描述文档。

（6）装载设备的名称、件号和/或版本和/或序列号。

（7）设备存储地点。

（8）软件级别。

（9）限制使用状态。

（10）应用架次。

主制造商需要对各系统机载软件工程设计构型进行汇总并编制全机机载软件构型清册。

6）软件加载控制

按 RTCA/DO-178B 的要求，软件在研制阶段分为外场可加载（FLS）软件和非外场可加载（Non-FLS）软件。在飞机研制阶段，对于非外场可加载软件，软件在设备交付前就已经加载好了，且无法现场更改，软件加载控制的责任在设备的制造商。对于非正式交付且用于试验室工程调试的现场可加载软件，试验室需确保软件加载活动的可追溯性，使用软件加载申请单和软件加载申请流程控制与纪实（见图4-4）。

在飞机批量生产阶段，对于非外场可加载软件，软件在设备交付前就已经加载好了，且无法现场更改，软件构型由产品件号控制，主制造商需核对产品件号，软件升级需退返供应商进行。对于外场可加载软件，主制造商根据合同要求采购软件可执行代码（载体有光盘、U 盘、网上交付等形式），并根据供应商提

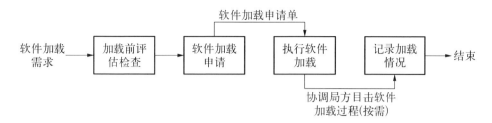

图 4–4 软件加载流程

供的软件加载手册编制软件加载程序。

7）供应商控制

供应商构型管理是为了更好地融合主制造商与供应商的构型管理体系，使产品定义及更改信息能够顺畅地传递，从而对供应商负责的产品及其相关的构型文件进行有效管理，以确保飞机构型状态完整、准确、可追溯，并满足适航当局的审查要求。

机载软件供应商应建立内部的构型管理组织，明确组织体系中各个角色承担的职责以及与主制造商之间的接口，对机载软件进行有效的构型管理。

机载软件供应商内部的构型管理组织是主制造商飞机项目构型管理组织的重要延伸。供应商应按照与主制造商的合同及其内部程序，开展内部的构型管理活动，并支持主制造商完成相关构型管理工作。

机载软件供应商构型管理的对象包含供应商的产品以及和产品相关的构型数据。产品构型数据主要用于标识和定义供应商所提供产品的各种工程信息，包括但不限于如下方面：

（1）机载软件的功能特性。

（2）机载软件及所关联设备的性能，如可靠性、可维护性、安全性等。

（3）机载软件所关联设备的物理特性，如产品的外形、重量、平衡、惯性矩、电磁特性。

（4）机载软件的接口特性。

（5）验证机载软件所关联项是否达到设计的功能特性、物理特性、接口特性等所需要的试验程序等。

供应商至少应该提交以下构型数据：

（1）描述从飞机级需求或更高层构型项分配而来的系统（包）/产品需求、功能定义、性能/物理特征/指标要求/设计约束、接口特性、设计方案、原理架构等。相关的构型文件包括需求文档、通用技术规范（符合性矩阵）、原理图、产品（系统、设备、软件）技术规范、接口控制文件/模型、软件需求以及供应商根据双方确认的需求和约束转化的内部文件等。

（2）根据机载软件系统的需求和约束条件，设计产生的机载软件系统的详细设计数据，包括如下内容：

a. 生产机载软件关联设备用工程图纸/模型。

b. 系统/部件/零部件清单［零部件清单应准确、完整至零件级，对于按CCAR 33 部开展合格审定的产品需细化至维修单元级，其中包括零部件的标识号、数量，对应生产数模/图纸和 ATP 的编号和版本，以及零部件是否为航线可更换单位（LRU）、航线可维修件（LMP）和航线可更换项（LRI）的标识］。

c. 工艺规范和材料规范清单。

d. 试验程序［鉴定试验程序（QTP）、验收试验程序（ATP）］。为了便于主制造商定义型号设计资料，供应商应该在 CMP 中确认构成其产品制造依据的所有构型数据类型，如图纸、数模、零部件清单、BOM 等。

e. 用于软件合格审定的 PSAC、软件构型索引、软件完成综述（SAS）等。

f. 电子硬件合格审定的硬件符合性验证计划（PHAC）、顶层图样（TLD）/硬件构型索引（HCI）、硬件完成综述（HAS）。

（3）产品的使用、维修/维护等数据，包括产品说明书、产品安装程序/检查要求、地面支援设备和维修设备清单、备件清单、客户服务支持资料（操作/使用手册、维护/维修手册、培训手册等）。

机载软件供应商应当满足 DO‑178 的要求，并按照主制造商要求开展构型管理策划活动。机载软件供应商应按照主制造商要求编制 SCMP。SCMP 是基于项目级和系统级 CMP，并结合各软件的实际情况，细化构型管理规则与要求的文件，是各软件开发过程中开展构型管理活动的首要依据文件，必须符合项目级和系统级 CMP。

SCMP 应包含如下内容：

（1）环境。

（2）活动，包括如下内容：

a. 构型标识，包括基线和可追溯性等。

b. 构型控制，包括问题报告、更改控制、更改评审等。

c. 构型纪实，包括归档、检索和发放等。

d. 软件加载控制。

e. 软件全生命周期环境控制。

f. 软件全生命周期数据控制。

g. 构型审核。

（3）转换准则。

（4）软件构型管理数据。

（5）供应商控制。

### 4.5.3 机载电子硬件构型管理

机载电子硬件是装载在飞机的机载系统或设备中，作为飞机型号设计组成部分的电子设备、集成电路板和电子器件。目前我国在新支线飞机、大型客机的研制项目中对机载电子硬件的开发和使用采用 RTCA/DO‐254 标准。本节介绍机载电子硬件的构型管理过程，包括电子硬件的构型策划、构型标识、构型基线、问题跟踪与报告、更改控制、构型纪实等，同时对电子硬件全生命周期的数据管理作简单介绍。

随着对飞机功能和安全的要求越发严格，飞机系统中使用的电子硬件越来越多。DO‐254 中定义的机载电子硬件范围包括 LRU、电路板组件、特定用途的集成电路、可编程逻辑设备、混合电路和多芯片模块等。在涉及电子硬件和软件的领域，还有一个概念（固件）常常易与之发生混淆。"固件"的定义是"硬件设备与作为只读软件驻留在硬件设备上的计算机指令或计算机数据的组合"。然而，在商业用语中，术语"固件"仅用于指代硬件设备中嵌入的代码或计算机指令。ANSI/EIA‑649 系列构型管理文件规定：固件是硬件和以只读方式驻留在其上的计算机指令/数据的组合，仅硬件本身和软件本身不被称为固件。软件在转移到硬件设备上之前不被称为固件，硬件设备在包含只读软件之前也不会被称为固件。

硬件设计全生命周期过程包括硬件规划过程、硬件设计过程和支持性过程。硬件规划过程定义和协调硬件项目的设计和支持性过程。硬件设计过程生成设计数据，形成硬件项目，设计过程包括需求分析、概念设计、详细设计、实施和生产转移。硬件支持性过程包括批准、验证、构型管理、过程保证和鉴定联络，这些过程产生了硬件设计全生命周期数据，确保了硬件设计全生命周期及其输出的正确可控。

DO‑254 确定了从 A 级到 E 级五种硬件设计保证等级，分别对应其故障或异常行为引起硬件功能失效时航空器灾难性的、危害严重的、主要的、次要的和无影响的五种失效状态级别。

根据 DO‑254，对于硬件设计保证等级为 A、B、C、D 级的电子硬件，应该制定硬件构型管理规划（HCMP）对机载电子硬件进行构型管理。构型管理过程提供了一种完整一致地再现构型项、必要时重新生成信息和需要时对受控构型项进行更改的能力。机载电子硬件构型管理过程的目标是实现对构型项的唯一标识和记录，确保构型项的一致和准确复制，以及识别、跟踪和控制对构型项目的更改。机载电子硬件的构型管理活动包括构型项标识、构型基线、问题跟踪与报告、更改控制，以及构型项的发布、归档和调用。

1）构型标识

构型标识的目的是明确地标记每个构型项，为建立构型项控制和使用奠定基础。构型项应被唯一地识别、记录和控制，包括但不限于电子硬件本身、电子硬件的设计资料、鉴定程序与报告以及其他数据项目。在对构型项进行标识时，应对构型项每个独立控制的部件和构型项的组合（即产品）都建立构型标识，具体对于独立部件进行标识的颗粒程度应在 HCMP 中确定。构型标识应在基线建立、构型项数据引用或产品制造前建立，对于商业货架产品（COTS）部件和先前开发的硬件项目也应建立构型标识。

2）构型基线

硬件构型基线是特定时间点的电子硬件产品构型，基线可以是一个构型项目，也可以是以前鉴定过的硬件项目或一个COTS部件。建立构型基线的目的是为后续的构型管理过程定义基础，从而支持项目管控和追踪溯源。基线一旦建立就应该受到更改控制程序约束，在源基线上建立新的分支基线时应遵循更改控制要求，且新基线应能从分支处溯源到源基线。

3）问题跟踪与报告

建立问题报告、跟踪和纠正措施的目的是记录电子硬件产品开发中的问题并保证问题的纠正处置和解决。问题可能包括构型与计划和标准的不符合、产品全生命周期过程中输出物的欠缺、产品的异常行为，以及工具和技术过程的缺陷。问题报告需要识别所有受影响的构型项，对于需要采取纠正措施的问题报告应进行更改控制，所有关闭的问题报告应包括一个所采取的用于管理问题报告的措施的说明。并非所有的问题报告都关闭以后产品才能获得鉴定，应事先对所有的问题报告进行评估并进行分类，具有安全性影响或鉴定影响的问题报告应予以关闭。在工程项目实践中可建立适当的问题报告系统，用于跟踪问题报告的处置、关闭、批准等状态。

4）更改控制

更改控制的目的是保证工程更改及时记录、更改影响获得各方认可、更改内容落实解决和批准贯彻。对于电子硬件设备，更改控制通过对未获得授权更改的管控来保证项目构型的完整性，涉及工程更改时需要评估构型项的等同性，从而决定是否创建或更新新的构型。在电子硬件项目的构型管理中，不但需要建立更改控制机构来实施对更改的记录、批准和跟踪，而且应该在项目全生命周期中较早地实施更改控制活动，确保更改的可溯源，掌握更改的全貌。更改控制和问题报告在某些时候是互相关联的，因为在解决所报告的问题时可能引起构型项的更改。对硬件构型项的更改控制要求更改的影响必须经过彻底评估并获得各方认可，并且提供更改影响的上、下游之间的闭环反馈机制，因为在某些情况下下游制造方的制造工具、工艺过程等的更改可能会影响到上游设计方。

5）发布、归档和调用

发布活动的目的是及时地将数据纳入构型管控之下，确保在其他活动中使用的是已发布的经批准的数据。归档的作用是保证与产品有关的数据在需要使用的时候可以随时调出用于复制、重新生成、重新测试和修改产品。构型项需要在制造前予以识别确认和发布，且应保证产品相关的所有数据来自唯一数据源。对于项目数据的存档，应建立适当的程序来满足适航性要求和更改请求；要按照相关审定方或法律法规保留时间要求建立适当机制来确保存储数据的完整性，避免未经授权的更改；要选择合适的存储介质，根据介质寿命规划数据刷新频率，维持所存储数据的可获得性，同时做好物理备份，避免可能发生的导致存档数据出现不可恢复的损失的事件。

对电子硬件数据项的构型管理包括硬件控制类别 1（HC1）和硬件控制类别 2（HC2）两种类别。两种类别数据的构型控制的严格程度有所不同，HC1 要求必须完成所有的构型管理活动，HC2 的要求会少一些。两者在构型管理活动中的差别对照如表 4-4 所示。

表 4-4　HC1 和 HC2 在构型管理活动中的差别对照

| 构型管理活动 | HC1 | HC2 |
| --- | :---: | :---: |
| 构型标识 | √ | √ |
| 基线 | √ | |
| 基线溯源性 | √ | √ |
| 问题报告 | √ | |
| 更改控制-完整性和识别 | √ | √ |
| 更改控制-记录、批准和溯源性 | √ | |
| 发布 | √ | |
| 调出 | √ | √ |
| 数据保留 | √ | √ |

| 构型管理活动 | HC1 | HC2 |
|---|---|---|
| 防止未授权更改 | √ | √ |
| 介质选择、刷新、复制 | √ | |

对于机载电子硬件，HCMP描述了用于满足硬件构型管理目标的方针、程序、标准和方法。HCMP是基于项目级和系统级CMP，并结合各电子硬件的实际情况，细化构型管理规则与要求的文件，是各电子硬件开发过程中开展构型管理活动的首要依据文件，且必须符合项目级和系统级CMP。

HCMP应至少包含如下内容：

（1）构型管理环境。构型管理环境描述了对电子硬件和电子硬件全生命周期数据的构型管理策略、程序、标准、方法以及组织和职责。

（2）构型标识。构型标识包括硬件标识规则、文件标识规则和基线等内容。硬件标识规则包括硬件构型项划分、硬件编号规则及版本控制原则。文件标识原则包括文件编号规则和版本规则。基线包括基线的建立方法、建立时间，以及基线的种类和基线追溯性。

（3）构型控制。构型控制包括问题报告、更改控制、三库（开发库、受控库、产品库）变更控制等。问题报告包括问题记录、问题追踪、问题解决。更改控制包括更改标识、更改控制、更改追踪。三库变更控制包括三库的分类和三库变更的控制流程。

（4）构型纪实。构型纪实包括数据存储与获取、构型管理工具、硬件构型索引（HCI）等。数据存储与读取方面，包括归档内容和格式，存储介质的标准、规范、方法和准则，数据发放、归档和获取的方法和程序。构型管理工具包括对构型管理工具和资源的描述。

（5）硬件数据控制。硬件数据控制描述与HC1和HC2数据相关联的控制要求。

（6）硬件环境控制。硬件环境控制描述了用于确认和控制已经用于开发和验证硬件工具的程序和方法。

关于固件的构型管理有一些不同的地方。为便于表述，此处用固件代码和硬件表示固件的组成。构型管理的基本概念对于软件和固件代码是相同的，大多数类型的固件代码可以像软件一样编译，并且可以用软件版本控制工具进行控制。固件代码与软件的不同之处在于固件代码是加载到硬件上以实现对硬件设备的编程。与软件相比，固件代码会将硬件转变为功能设备，因此在电子硬件组装之前应用固件代码会对硬件识别产生影响。与软件一样，固件代码应通过受控的过程进行编译。固件代码输出的是硬件烧录文件，这些文件会加载或烧录到尚未在电路组件上安装的硬件设备上。

硬件设备的存储器件分为一次性可编程器件或多次可编程器件。一次性可编程设备应按照更改项目图（AID）的要求进行记录，多次可编程设备应按照软件安装图（SID）的要求进行记录。实践中更改项目图用于那些在安装到使用组件之前被永久更改（一次性可编程）的硬件设备，或用于可重新编程的插件设备。软件安装图用于在较高级别编程的软件或固件代码，无须更改组件标识。例如，用户数据模块（UDM）用于将核心软件和平台特定数据编程到安装在飞机的单元中。断电后，设备将返回到空状态。根据所需的应用，该装置可以加载任意数量的软件负载。为了对可重新编程的硬件设备进行有效控制，需要对硬件和固件代码进行构型管理，以确保可追溯性。构型管理必须确保在最终 AID 或 SID 发布之前，关联的固件代码也处于控制之下。AID 或 SID 通常以表格格式组织，以反映每个固件代码版本及其相应的件号。通过这种方式，AID 或 SID 将固件代码和固件的硬件部分绑定在一起。

固件代码的更改过程与软件相同，需要由构型控制委员会（CCB）批准并归档关闭。固件代码一旦编译并准备发布，SCM 和硬件构型管理之间必须及时沟通，以确保批准流程和相关文档都满足要求。例如，SCM 会通过硬件 CCB 流程通知 HCM 启动 SID/AID 审批流程。如果硬件产品基线已建立，那么根据要求 HCM 在更改 AID 之前还需要客户批准。

如果固件更改发生在产品基线建立之后或产品交付之后，则可以将其视为重大更改。重大更改表示外形、配合、功能更改或影响互换性的更改，这些更改需要通过程序批准的方式再标识。若固件在已安装的条件下可重新编程，则必须通过 SID 标识，并将其列在制造构型状态（as-built configuration）文档/列表中。SID 解决了硬件和软件兼容性问题，很好地记录了操作软件、操作硬件、固件代码和硬件设备之间的关系。

此外，如果固件代码可以在其所属的主机单元正在运行或其他状态时进行更新，那么不可能通过主机单元的物理铭牌对设备的构型状态进行确认。因此固件代码构型应该由主机单元通过在线显示器或电子方式自行报告给构型状态纪实（CSA）系统，将构型状态数据保留在 CSA 数据库中。自报告功能可以通过有线或无线传输、下载的方式完成。在这些情况下，主机单元的自我报告功能应优先，物理铭牌会根据实际情况经常更新以匹配实际构型。

## 4.6　供应商构型管理

供应商构型管理是飞机构型管理过程的延伸，主制造商对供应商开展构型管理工作包括对供应商交付产品的构型管控以及对供应商构型管理体系的监督。实施供应商构型管理可以更好地融合主制造商与供应商的构型管理体系，使产品定义及更改信息能够顺畅地传递，从而对供应商负责的产品及其相关的构型文件进行有效管理，以确保飞机构型状态完整、准确、可追溯。同时，确保供应商产品有构型管理体系保障，且主制造商通过对供应商开展审核，掌握供应商构型管理体系的运行情况，从而确保了飞机研制体系在供应商处的有效延伸，从制度上进一步确保了飞机构型状态可控。

在项目早期供应商选择阶段，要确定与供应商所负责的产品（工作包）相适应的构型管理要求，并最终通过合同、采购订单或其他分包协议的方式与供应商达成一致。在供应商选择阶段，主制造商通过招标书，将构型管理要求传递至供应商，通过招标书的回复以及澄清问题的征询书与潜在供应商开展充分交流，评估供应商构型管理体系是否符合主制造商的要求。待合同签订后，供应商有义务按照合同要求开展构型管理工作，主制造商有责任对供应商构型管理活动的执行进行监督和反馈。具体工作如下：

（1）根据供应商类型确定构型管理各要素要求。

（2）完成工作包发包活动中构型管理内容的制定并评估潜在供应商的构型管理体系符合性。

（3）完成供应商合同中构型管理条款的制定和谈判。

（4）完成供应商 CMP 的评估和认可。

（5）在合同的基础上细化供应商构型管理活动（主要是构型控制）的操作流程和执行要求，并宣传贯彻。

（6）与供应商开展常规构型控制活动，并纪实。

（7）按照合同的具体要求（时间、内容、形式等）接收和审核供应商的构型数据。

（8）对供应商交付的产品进行构型审核。

（9）对供应商构型管理活动进行体系检查。

主制造商对供应商的构型管理要求通常还因受如下因素的叠加影响而有差异：

（1）供应商产品层级：系统级、设备级、零部件级等。

（2）供应商产品类别以及是否含软硬件。

（3）与供应商的合作模式：来图加工模式、设计制造模式、规范控制模式等。

（4）供应商产品取证模式。

（5）供应商产品是否为多货源。

上述因素在不同研制阶段、不同构型管理要素上都有不同程度的影响，并且

每一个供应商各自的构型管理规则各不相同。如何处理好规则的差异？如何管理好每一个供应商的产品构型？其工作量大，难度高。此外，主制造商的设计、制造、客服等各领域对供应商构型管理规则的关注各有侧重并相互制约，需统筹全生命周期考虑。

通常主制造商面对的供应商数量众多，大到系统集成，小到零部件，要做到对供应商有较强的管控，需要有成体系的管控手段和资源投入。供应商的产品研制往往还涉及次级供应商，主制造商一般仅对一级供应商有较强管控能力，对次级供应商的管控路径较长，管控力度天然较弱，但次级供应商构型管理规则对主制造商也会有不同程度影响，不能忽略，需在合同阶段和体系监督过程中着重关注。

## 4.7 试验构型管理

试验是商用飞机研制过程中的重要一环，为了降低风险和缩短周期，在商用飞机试验过程中引入构型管理，对试验构型进行有效管控，保证试验构型状态的稳定、可控。一方面，取证阶段，飞机结构和各系统均还处在研制进程中，会出现不满足设计和适航规章要求，需要设计改进迭代的情况。另一方面，在确保数百个试验科目开展前构型到位，对客观存在的差异进行管理，支持逐步开展符合性验证工作，减少试验验证的周期。这些都是试验构型管理工作面临的紧迫性需求。

国内以往大多是按照军机定型模式开展工作，通过试验将飞机的各种性能体现出来，成为最终交付产品的依据。作为商用飞机产品，试验是研发过程中必不可少的重要环节，目的是验证是否满足适航规章要求，保障交付后的安全飞行。国内某公司研发的支线客机，严格按照适航规章的要求开展研发、制造、试验等工作，其中积累了不少试验构型管理相关的宝贵经验。随着商用飞机新型号的研制，应对试验构型管理工作进行进一步的研究，对标国外主流制造商的先进做法，从而推动试验工作专业化、规范化发展，保证新机试验工作有序、高效、安全的实施。

下面将按照构型管理的基本理论和要求，采用系统工程的思想，并结合商用飞机试验工作的特点，从构型管理的要素出发，阐述在试验过程中构型管理工作如何开展，并提出相关建议。一方面可以解决当前碰到的问题，另一方面可以对下一代新型商用飞机的发展提供借鉴。

试验构型（test configuration）是满足一个或几个试验科目要求的试验台架（含在地面上进行试验的飞机）的构型；飞行试验机构型（flight test aircraft configuration）是根据试飞任务分工，用工程文件规定的满足试飞要求的飞机构型。

飞行试验构型（flight test configuration）是在飞行试验机构型的基础上，进行加装和改装试验设备，以满足一个或几个飞行试验科目要求的飞机构型。通常建立试验视图来管理相关试验数据、构型纪实数据等，以确保研发试验、适航符合性验证试验等的准确性、有效性和代表性。

1）试验构型管理概述

试验是飞机研制过程中的一个必不可少的部分，试验构型管理的目的是确保试验的构型状态、试验过程和试验数据始终处于受控状态，以确保能产生准确、可靠、有效的试验结果，从而为飞机的研制和适航取证提供有力支持。

对试验的构型管理，首先应按照质量管理体系程序文件的要求对试验进行全面的质量控制，其次应在主制造商内部产品全生命周期构型管理等体系要求下，开展试验全过程构型管理活动。试验构型管理活动主要包括如下方面：

（1）建立试验产品结构，组织管理试验中出现的各类构型数据。

（2）建立试验构型基线，对试验件（试验模型、试验飞机）和试验装置（试验控制装置、数据采集装置等）构型状态进行控制，确保它们的构型变化能够得到有效管理并可追溯。

（3）对试验过程进行管理，对试验条件、试验环境、试验中的构型状态有关信息进行纪实，对试验过程中出现的问题进行记录，确保试验过程可追溯，在必要的时候可复现。

（4）对试验构型管理活动的执行情况进行审核。

2）试验构型管理对象

试验构型管理以试验科目为对象进行管理，根据试验实施主体、试验目的、试验环境不同可分为如下方面：

（1）根据试验实施主体不同，试验可以分为主制造商开展的试验和供应商开展的试验。

（2）根据试验目的不同，试验可以分为研发试验和验证类试验。研发试验是为了获取飞机设计数据或设计参考数据而开展的试验。验证类试验包含适航符合性验证类试验和普通验证类试验，其中适航符合性验证类是为了向适航当局表明飞机设计对适航要求的符合性而开展的试验；普通验证类试验是为验证产品满足确认的需求而开展的且无需向适航当局表明符合性的试验。

（3）按照试验环境不同，试验可以分为试验室试验（含设备合格鉴定试验）、机上地面试验、飞行试验、模拟器试验。

3）试验构型管理活动

试验构型管理活动包括试验的构型标识、构型控制、构型纪实、构型审核等活动。

（1）试验的构型标识主要包括试验构型定义、试验有效性标识、试验视图产品结构和试验构型基线建立等。分别说明如下：

a. 试验构型定义是为了完成试验任务、实现试验目的而产生的，是对试验结果会产生影响的各类试验要素的状态。

b. 试验有效性标识包括试验飞机的架次有效性标识、试验任务有效性标识、试验件设计模块的有效性标识，这些标识要求均可参照"飞机整机标识"要求。

c. 试验视图产品结构是以飞机产品研制过程中的试验任务/项目/科目（以下简称试验任务）为核心，将试验作为特殊的构型项，组织管理试验有关的产品和构型数据。

d. 试验构型基线中的构型数据必须能准确定义试验构型，任何对试验结果有重大影响的试验要素或描述试验要素状态的文件或数据等均应纳入试验构型基线。

（2）试验的构型控制方式一般分为两种：一种是更改决策前控制，需要在试验基线建立后按照构型控制方式执行；另一种是更改决策后记录，只需要文件或数模的签署流程。对试验的构型控制需要按照构型控制要求执行，对纳入试验构型基线的试验构型数据需要发起工程更改流程，对更改的影响进行评估。特殊的试验，不强制要求建立试验基线，由试验负责方自行负责此类试验构型的更改控制。试验的超差/偏离需编写试验构型评估报告，说明偏离情况以及偏离对试验结果有效性的影响。

（3）开展试验的构型纪实活动的目的是记录试验过程中构型状态和构型控制过程中的有关信息和数据，为试验结果的有效性提供判据，参照构型纪实要求执行。在试验过程中，如果遇到影响试验机构型、试验进度、预期的试验结果等重大问题，则需发起问题报告流程，通过问题报告流程提出、处理相关问题，并记录其处理情况。试验的各类试验构型数据均按质量文件相关规定进行存档管理。

（4）开展试验的构型审核活动的目的是确保用于试验验证的产品的设计和实物构型实现了试验构型定义信息中定义的性能和功能要求。试验构型审核包括功能构型审核和物理构型审核。试验的功能构型审核包括试验要求评审、试验大纲评审、试验构型评审（包括实物构型评审）、试验后评审（必要时）；物理构型审核用于审核试验产品的实际构型是否和试验大纲中要求的一致（即实物构型和设计构型一致）、审核试验程序、审核试验设备的准备状态和校准状态。

## 4.8 单机构型和配置管理

### 4.8.1 单机构型

相关定义包括如下几个：

（1）单机构型（single ship configuration）：定义和描述单个商用飞机产品系统的性能、功能和物理属性以及表明构型差异的各类数据的集合。

（2）单机设计构型（single ship design configuration）：定义单个商用飞机产品系统的性能、功能和物理属性要求的各类数据的集合。

（3）单机实物构型（single ship actual configuration）：描述单个商用飞机产品系统实物所具备的性能、功能和物理属性的各类数据的集合。

通常单机构型包括单机设计构型和单机实物构型，单机设计构型一般用单机零部件清单、单机装机设备清单、单机软件清单、单机技术要求类文件清单、单机材料规范/工艺规范等构型报表共同表达；而单机实物构型可以用实物 BOM，未完工项清单、偏离超差代料清单等共同表达。一般在申请特许飞行证、单机标准适航证前，需要用各类构型报表表达单机设计构型和单机实物构型，制造方要发布全机制造符合性声明，证明单机实物构型与单机设计构型的符合性。

### 4.8.2 客户构型与交付构型

在签订购机合同时，主制造商与客户商定满足客户需求的飞机构型称为客户构型（customer configuration）。向客户交付的飞机的构型称为交付构型（delivery configuration）。一般来说，客户构型是理论构型、设计构型，交付构型是最终交付客户的实际构型。

### 4.8.3 原型机构型管理

为支持型号取得适航合格证，主制造商一般会研制若干原型机来承担相关试验试飞验证工作。在试制与验证阶段建立并维护试验原型机单机构型基线，开展原型机构型纪实及状态管控，可以更好地管理单机构型。单机构型基线应最迟在单机首飞前完成首次建立。单机构型基线是用快照的方式记录单架次飞机某一时刻的构型状态，单机构型基线应确保单架机重要节点的构型状态，如确保试验试飞过程中构型数据始终处于受控状态，保证能产生准确、可靠、有效的试验结果，从而为飞机的研制和适航取证提供有力支持。单机构型基线由一系列经过批准的单机构型文件组成，单机构型文件指描述单架机在其生命周期内的各个时间点上功能、性能、物理、接口等设计状态的定义和表达文件。

原型机首飞后一般需转场至试飞基地开展试飞验证活动，以原型机转场试飞作为实物构型纪实工作的阶段性起点，开展实物构型控制及纪实工作。实物构型控制及纪实工作领域主要分成转场构型状态、飞机本体维修维护、飞机本体设计更改、试飞加装维修维护、试飞加装更改五个方面。

转场构型状态指基于转场前状态冻结一轮基线，作为原型实物构型纪实的基础。这个基础除包含一般意义上的飞机本体实物纪实外，还涵盖已经完成的测试飞机改装、测试加装以及供应商加改装的相关工作。每一架原型机"交付"试飞单位前，都会完成相关制造符合性声明工作，都有相应的设计构型基线、实物构型符合性声明文件，以及各自的增量。

在原型机转场基线的基础上，从主要实施场景来看，转场后原型机实物构型在如下四个方面会涉及实物构型的变化：

（1）原型机本体在开展维修维护工作时，有实物构型变化的内容，如发生相关系统设备的更换，需要记录拆换序列号等信息的构型纪实工作。

（2）伴随着原型机的试飞过程，原型机本体会产生设计更改的需求，此类设计更改的落实过程，会产生实物的构型变化。

（3）原型机其测试要求的试飞加装、供应商加装的部分，也有维修维护要求，需要定期实施维修维护工作。

（4）原型机试飞过程，试飞加装、供应商加装的部分也将会进行更改完善，此类更改的落实过程，将导致实物状态变化需要完整纪实。

### 4.8.4　批产飞机的单机和选项配置

1）概述

为了赢得市场，商用飞机需要满足不同客户的需求，一方面，航空公司的个性化、差异化的需求会导致存在很多选项，组合出实现不同功能的飞机产品，复杂程度不断上升；另一方面，随着国产商用飞机逐步投入并扩大运营，商用飞机行业也逐渐从"注重飞机研发能力"向"提升飞机批量生产和交付能力"与"市场化、差异化经营能力"转化，从"单一型号研制"向"多型号、多系列、多型别并行发展"转化，从"单一供应商、单一货源"向"基于成熟完备的商用飞机供应链、产业链下的多供应商、多货源"转化，所以对商用飞机选项定义及构型配置提出了很高的要求，是商用飞机需要重点关注的专业领域之一。

为解决上述问题，适应产品需求个性化，缩短设计制造周期，尽可能低成本地实现客户要求，需要主制造商建立起一套根据新态势、新需求、新场景快速开展的从客户需求到单机构型定义，再到飞机排产制造的流程、方法和模式，以提高飞机设计和制造的灵活性。具体阐述如下：

（1）将飞机所有的模块划分为型号基本选项、型别基本选项、预定义客户选项和客户定制选项，完善各类选项之间的约束关系表达，建立飞机的选项库。

（2）为了满足多供应商和多货源的需求，部分零部件存在多种选择，建立厂家选项选型过程。

（3）在全机可配置的产品结构的基础上，将预测生产（"绿皮机"构型）、客户选项（as-contracted）和生产计划（机位号的分配）等输入条件快速转为单机（机位号将作为执行有效性）的模块清单。

2）全机选项定义

按照民用飞机生产和销售的特点，商用飞机的选项可以分为型号基本选项、型别基本选项、预定义客户选项、客户定制项四类。

（1）型号基本选项是特定型号中必装的部分，不管是该型号下的什么系列或者型别，典型的型号基本选项包括机头结构、机翼、平尾、飞控作动器、风挡玻璃、油门台等。

（2）型别基本选项是特定型别中必装的部分，不含型号基本选项部分，如增大航程型机中增加的辅助油箱、货机中增加的货舱门和载货装置、指挥机中增加的指挥系统等。

（3）预定义客户选项是预先定义好可供客户选择功能、性能、发动机、设备、内饰内设类的选项，如旅客座椅、通信系统等。

（4）客户定制选项是为了满足客户需求的定制项，如客舱内饰、座椅等。

建立飞机选项库（又称为构型库），对型号基本选项、型别基本选项、客户选项、客户定制选项进行分类管理。建立选项之间的约束关系矩阵，一种是型号基本选项、型别基本选项与客户选项之间的约束关系，即客户选项在型号及型别间的适用性；第二种是客户选项之间的约束关系，"无关"表示两个选项之间相互独立、"互斥"表示两个选项之间只能二选一，"依赖"表示选择 A 选项则必须选择选项 B。

飞机上所有的模块都属于可选项，都可以在配置过程中被选择与重用。一个模块只能属于型号基本选项、型别基本选项、预定义客户选项、客户定制选项中的某一类或者客户选项中多个逻辑的组合。考虑到选项之间的复杂约束关系，由此在配置对应的模块时，需要使用到选项条件，每一个构型都对应一个选配条件，选配条件通过选项和逻辑符的布尔运算表达。每一个构型项都能明确其所属的选项，关系比较明确，对于不同系列、不同选项的差异部分需要新发构型项来区分。初始配置条件通过构型项更改申请（CR）流程赋予模块，流程批准后发布，并在产品结构上体现其配置关系，后续必须通过更改控制流程进行更改。

3）单机配置生产流程

全机模块化可配置的产品结构建立后，就可以开展单机配置生产的工作。单机 BOM 的配置是在可配置产品结构的基础上，通过输入客户合同（选配清单）和分配的机位号（执行架次有效性）解析出单机的 BOM，以指导开展单机物料筹措、制造、交付等工作。

根据确定选配结果及分配的机位号，基于飞机构型库已搭建的"飞机-选项-模块-零部件"关系，通过客户选配结果，可基于预定义的选项同模块的关联关系定位到构型项。结合具体机位号后可定位到构型项下具体的模块及其零部件，形成单机特定构型状态表（单机 BOM、单机基线）。典型的单机配置过程如图 4-5 所示。

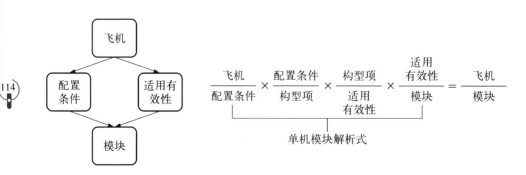

$$\frac{飞机}{配置条件} \times \frac{配置条件}{构型项} \times \frac{构型项}{适用有效性} \times \frac{适用有效性}{模块} = \frac{飞机}{模块}$$

单机模块解析式

**图 4-5 典型的单机配置过程**

对于同一个型号不同架次的飞机，有大部分的零件构型是相对稳定的。若不将固定不变的部分和客户选项的变化部分进行区分，全部按统一的管理方式，导致生产效率降低和不必要的浪费。差异化的单机配置流程的核心是对流程进行分段，以满足生产和采购效率的需求，即根据选项分类及模块的划分，简化单机配置的流程，分为型号基本选项配置流程、型别基本选项配置流程、预定义客户选项配置流程和客户定制选项配置流程。

（1）型号基本选项配置流程，即飞机主体基本保持不变部分，对应的数模为基本稳定模块，可直接调用，按生产计划组织生产采购。

（2）型别基本选项配置流程，即飞机型别特用的部分，根据客户选择的结果，将对应模块进行有效性配置，生成对应表单发放给制造单位进行采购生产。

（3）预定义客户选项配置流程，即为满足不同需求使飞机某构型发生变化而形成的选装项，其对应的选装模块经一次定义确认后，将对应模块进行有效性配置，生成对应表单发放给制造单位进行采购生产。

（4）客户定制选项配置流程，即为满足用户特殊要求设置的定制项，需要进行新设计，形成定制模块，根据客户选择的结果，将对应模块进行有效性配置，生成对应表单发放给制造单位进行采购生产。

工程设计单位发布可配置的产品结构后，制造单位可以以此为依据开始工艺设计、生产准备的工作，并按照选项的类型，差异化地开展物料筹措、零件生产等工作。其中，型号选项需要按照年度主计划驱动；系列和型别选项则需要依据对市场的预测来驱动；客户选项以客户合同为主，但是对于推荐的主选项要进行预测；备选选项和定制选项一般需要以客户合同为驱动。

单机部段交付、飞机总装和交付等必须以单机 BOM 为输入和依据。当然考虑批产阶段的生产节奏稳定的需要，需以"绿皮飞机"构型预测生产，以提前发布单机 BOM 指导开展飞机的制造工作。在市场部门获得航空公司需求之前批生产活动以生产预测工作为主，在市场部门确定客户选配结果之前，通过将生产部门作为主制造商的内部客户启动面向"绿皮飞机"需求的单机选配，选择出满足"绿皮飞机"需求的选项部分。面向"绿皮飞机"需求的单机选配流程和表单与面向市场需求的选配流程和表单是一致的，差别在于生产部门代替市场部门作为选配的内部客户。

4）建立飞机架次分配表管理单机状态

就如同每一个人在一生中会有不同的标识符，姓名、身份证号、学号、工号等，每一架次飞机在其全生命周期中也会有不同的整机标识，供不同的场景使用，如客户标识号、制造序列号、机位号、机身号、注册号等。因此，为了对飞机整机不同的标识进行高效清晰的管理，应建立和维护一套完整的飞机架次分配表（AAT），对每一架飞机的整机标识进行对照管理，满足各相关方不同的使用需求。

AAT 是一张贯穿飞机全生命周期的标识索引，由多个部门共同维护。构型管理部门负责归口 AAT 总表管理，AAT 中客户相关标识由市场销售部门分配，执行有效性由生产管理部门负责分配，飞机注册号由客户服务部门负责维护。

## 4.9  构型基线

构型基线是在产品全生命周期内的某一特定时刻，被正式确认并作为今后研制生产、使用保障活动基准以及技术状态改变判定基准的构型文件。这些构型文件被审核通过后，构型基线就形成了。构型基线一般分为需求基线、功能基线、分配基线及产品基线等。

国内、外标准对于基线的定义和作用是基本一致的，都定义为在某一里程碑或在某一规定的时刻确定并记录下来对产品特性或构型的描述，已批准的基线是后续更改的起点，如图 4-6 所示。

商用飞机构型基线定义了商用飞机在全生命周期内不同阶段的研制状态，体现研制工作自上而下地逐步细化。

针对不同复杂程度的产品，在不同时间点会定义不同的基线类型。构型基线

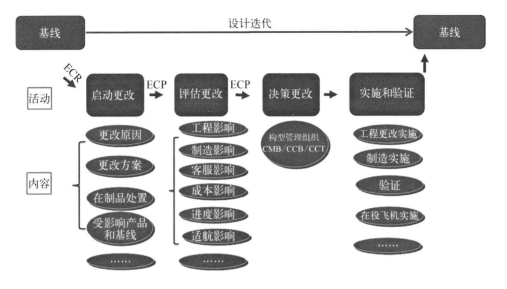

CMB—构型管理委员会；CCT—构型控制团队。

图4-6　基线的定位

可分为型号构型基线（需求基线、功能基线、分配基线、设计基线和产品基线）、单机构型基线和试验构型基线。其中，需求基线根据项目的需求也可以按照需求条目化建立需求条目化基线，同时根据管理对象的不同，基线概念也可以扩展为模型基线、软件基线、计划基线等。飞机在不同阶段基线的分类与建立情况如图4-7所示。

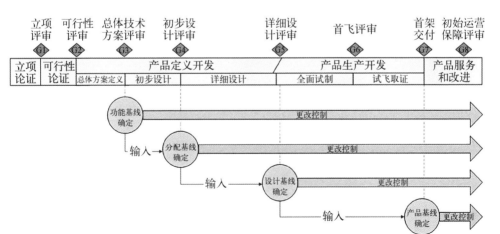

图4-7　基线的分类与建立情况

### 4.9.1 需求基线

需求基线由一系列经过批准的需求构型文件组成，需求构型文件包括市场或客户需求。

根据型号特殊性，可以先不创建需求基线，而将需求构型文件合并纳入功能基线中。若要单独建立需求基线，则需在初步总体方案评审前建立。

### 4.9.2 功能基线

功能基线由一系列经过批准的功能构型文件组成，功能构型文件是依据市场目标与要求确立的，是宏观定义型号的文件。功能构型文件以客户需求为输入，结合设计约束条件，确定飞机级设计目标和需求，并围绕目标开展设计方案定义，包括总体架构描述、各主要系统功能实现方式等。

功能基线在方案论证结束、初步总体方案通过评审、所有功能构型文件被正式批准后建立。

### 4.9.3 分配基线

分配基线由一系列经过批准的分配构型文件组成。分配构型文件是将飞机级需求进一步分解到各系统级，形成系统级需求，接着提出各系统方案来实现每个系统级需求，保证飞机级需求没有遗漏，全部得以落实分配。

系统级分配基线在各系统通过初步设计评审（PDR）后即可建立。全机级分配基线应在初步设计完成、通过 PDR、所有分配构型文件被正式批准后建立。

### 4.9.4 设计基线

设计基线由一系列经过批准的设计构型文件组成。设计构型文件是保证功能基线、分配基线通过图样、数模、技术条件、制造工艺、装配工艺、试验方法、软件架构/代码等转化成实体的具体要求，用于指导生产准备、制造、装配、试验、软件开发/测试等的执行文件。

系统级设计基线在各系统通过详细设计评审（DDR）后即可建立。全机级设计基线在详细设计阶段完成、通过 DDR、所有设计构型文件被正式批准后建立。

设计基线的建立，标志着整架飞机得到了完整的工程定义，且基本符合（达到）了设计要求，设计构型状态冻结。但只有经过制造、装配、试验或其他必需的验证手段的考验，产品基线建立后，才可进行批量生产。

### 4.9.5 产品基线

产品基线由一系列经过批准的产品构型文件组成。产品构型文件由经过充分验证（计算、评估、试验）的设计构型文件和支持产品使用维护的信息组成，产品构型文件标志着产品研制已经完成，全机的功能特性和物理特性通过构型审核，已满足用户需求，达到设计目标，进入生产阶段。

产品基线在通过型号合格审定、经过运行使用评审、所有产品构型文件被正式批准后建立。

产品基线的建立，标志着型号设计构型已经完整定义，且具备完整的试验验证资料，足以对制造、装配和安装进行复制，但是支持飞机交付后的运营/使用、维护/维修等活动还需要进一步验证。

除了上述全机型号基线外，各系统也能结合自身的研制里程碑创建系统级基线；单架机为了记录并管控自身某一时间点的状态，可以创建单机基线；试验试飞前为了记录并管控试验试飞状态可以创建试验基线。

1）系统级基线

各专业（含各系统专业、客服专业等）可以根据自身需求、根据本专业成熟度，按需建立对应系统级分配基线、系统级设计基线、系统级产品基线。

2）单机构型基线

单机构型基线由一系列经过批准的单机构型文件组成，单机构型文件指描述单架机在其生命周期内的各个时间点上功能、性能、物理、接口等设计状态的定义和表达的文件。

单机构型基线是用快照的方式记录单架次飞机某一时刻的构型状态，单机构型基线应确保单架机重要节点的构型状态，如确保在试验试飞过程中构型数据始终处于受控状态，保证能产生准确、可靠、有效的试验结果，从而为飞机的研制和适航取证提供有力支持。单机构型基线最迟必须在单机首飞前完成首次建立。

3）试验构型基线

试验构型基线由一系列经过批准的试验构型文件组成，是用快照的方式记录试验前某一时刻的构型状态。在试验构型基线中的构型文件要能准确定义试验构型，任何对试验结果有重大影响的试验要素（包括试验件、试验装置）或描述试验要素状态的文件均应纳入基线进行管理。

试验构型基线应最晚在试验任务首次试验开始前建立，一般在试验构型检查或评审结束后建立并冻结。不同的试验任务应按照要求分别建立对应的试验构型基线。

## 4.10　工程更改流程

### 4.10.1　工程更改流程概述

在产品研制过程中，更改是不可避免的。用户需求的变化、试验试飞过程中出现的问题、生产制造过程中工艺方法的改进等都会驱动项目发生更改，并传递至制造、客服、客户等进行落实。在这个过程中，需要运用一套方法、流程及工具进行管控，以确保从需求到产品实现的匹配和协调。同时，整个飞机产品是一个庞大的系统，只有通过更改流程的管控才能保证各个子系统之间的协调匹配。

工程更改的通用流程包括工程更改启动，工程更改评估，工程更改决策，工程更改实施与验证，如图 4-8 所示。工程更改通过 CR、ECP、构型文件签审发放等子流程的相互串/并联实现。同时各子流程相互之间应建立关联关系，从而保证更改状态得到跟踪，更改的完整性得到保障。

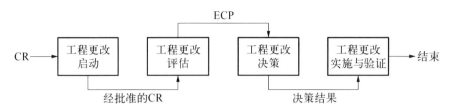

**图4-8 工程更改的通用流程环节**

## 4.10.2 工程更改流程环节介绍

工程更改的流程环节简介如下：

1）工程更改启动

在飞机产品设计研制、制造装配、试验试飞、运营维护等过程中，各责任团队对发现的问题提出工程CR。工程更改启动工作是对各责任团队提出的问题进行筛选，选出需进行工程更改的问题，并针对需进行工程更改的问题形成初步草案。工程更改启动环节是工程更改的源头，工程CR的批准意味着工程更改的启动。

2）工程更改评估

在工程CR获得批准后，更改发起方进行工程更改评估，形成ECP，其子流程包括提出更改方案/建议、确定受影响方、收集评估信息、对更改影响进行全面评估和分析、确定更改分类、确定更改执行建议有效性、确定客户商务影响等。

工程更改评估应侧重线下协同工作，确保论证充分、评估充分、验证充分后，再启动ECP流程，确保各方认可，ECP是对工程更改评估过程协调结果的记录和执行。更改发起方和受影响方需从工程、制造、试验、成本、进度、风险、合同等多个角度综合评估更改方案/建议，确保方案的合理性、可行性及更改收益和代价。

本环节的前置过程是更改启动，输入是工程CR，输出是ECP，后续过程是工程更改决策，即各更改相关方对工程更改评估方案达成一致意见后提交构型管理组织体系批准。

3）工程更改决策

工程更改在完成更改方案制定、影响分析及相关方评估等工作后，提交至构型管理组织进行决策，从技术、成本、进度三个维度对不同层级组织的决策权限进行分级。依照决策权限，由恰当的构型管理组织决策工程更改，各决策组织对其决策权限范围内的更改进行批准、否决或驳回开展进一步研究。对于决策范围外的更改将提交至更高一级构型管理组织进行决策。

本环节的输入是 ECP，输出是决策结果，输出形式为线上电子签署或者线下开展活动形成会议纪要。在工程更改决策过程完成后，更改发起方需根据决策结果开展下一步工作：如更改获得批准，则进行更改的实施与验证；如更改被否决，则更改流程结束；如更改被驳回要求开展进一步研究，则按照决策意见完善更改。

4）工程更改实施与验证

ECP 获得批准后，更改牵头方应组织各相关方及时贯彻执行、落实到位，并对落实情况进行监控，同时以试验等方式来验证更改方案的正确性、可行性、有效性，从而保证工程更改验证充分。

工程更改实施与验证的方式应包括但不限于试验、分析、仿真等；工程更改验证的范围应覆盖设备级、系统级、飞机级等各层级；工程更改的验证应充分考虑验证的要求，验证方法的合理性、正确性，结果的有效性，验证资源的许可情况、风险及进度等。

工程更改实施与验证的过程可相互迭代。更改实施前，可采用实际测量、评估、模拟、仿真等方法对更改方案进行初步验证；更改实施中，以检验、测试、试验的方法对更改效果及实物与文件的符合性进行验证；更改实施后，对被更改的产品应充分考虑进行地面试验的可能性，对更改内容进行再次验证。

### 4.10.3 特定场景下的差异化流程

工程 CR 的优先级根据问题的紧急程度，可划分为快速更改、急迫、常规和其他四类，不同的紧急程度规定了不同的时限要求，更改处理方需按照工程 CR 勾选的时限要求及时处理更改申请。当发现的工程问题严重影响飞机产品生产/使用进度、影响预定的周期等情况出现时，可启动快速更改流程。

快速更改流程判定为在特定场景下的差异化流程，可不依照工程更改通用流程启动工程更改。为减少更改周期，提高紧急程度高的问题的更改效率，快速更改的更改方案由工程 CR 触发工程更改流程，并承载详细的工程更改方案，无须发起 ECP。

当发现适用于快速更改程序的工程问题时，问题提出者与更改处理方必须进行充分线下协调确认、充分沟通并按需完成问题确认书面记录，快速更改的工程 CR 必须给出详细的工程更改方案，更改处理方完成答复且问题提出者同意后即可启动快速更改流程。

## 4.11 工程更改的关键属性

### 4.11.1 工程更改基本属性

工程更改之间的差异特性可由工程更改的主要属性表达，其中串联工程更改过程的主要属性有编号、机型、状态、更改类别、更改来源等。它们在整个飞机项目的全生命周期中的重要程度是不一样的。

（1）编号：编号是每项工程更改唯一的识别号，通常可由发起方的 ATA 章节号及流水号组成。

（2）机型：机型用来表示工程更改的项目属性，是贯穿飞机全生命周期的重要属性。

（3）状态：状态属性主要表示工程更改的流程状态，包括是否提交、是否评估、是否批准、是否关闭等，流程状态的表达有利于工程人员把握更改的进度，准确高效地完成各项工程更改。

（4）更改类别：更改类别主要是判断该工程更改的重要程度，根据更改影响因素和影响范围对工程更改进行分类等判断将工程更改分为 A、B、C 类，不同的工程更改分类代表工程更改的严重程度。

（5）更改来源：工程更改依据更改来源不同主要分为三类，包括主动优化进行的更改、对产品构型的更改、仅对无实质影响的文件和图样更改。通过识别更改来源代码，明确工程更改的原因和更改性质，有利于掌握产品在整个项目周期中变更的情况。

### 4.11.2　工程更改的分类维度及主要原则

工程更改应从不同的角度对更改的类别进行定义。下面分别从工程更改的影响程度、工程更改的紧急程度和工程更改的来源对工程更改进行分类。

1）工程更改的影响程度区分

通过结合产品所处的阶段、更改影响因素、更改影响范围等判定更改类别，典型判断要素包括如下方面：

（1）更改影响的市场目标和需求。

（2）更改影响的设计目标和需求。

（3）更改影响产品的适航验证活动或持续适航。

（4）更改影响以下任何一方面：费用、进度、合同、风险或其他商务性的影响。

（5）更改影响已建立的功能基线、分配基线或者冻结的（合同签署）合同工程附件（通用技术规范符合性矩阵和产品规范），致使部分要求超出规定的限值或容差范围。

（6）更改影响到已建立的设计基线，影响产品的 3F 或产品的互换性。

（7）更改影响到已建立的产品基线，影响客户提供的设备、安全性、交付的操作手册等。

2）工程更改的紧急程度区分

结合紧急程度可将工程更改的优先级定义为紧急更改和常规更改。如工程更改不尽快解决，则可能带来一个或多个不利影响的情况：

（1）影响到飞机安全性。

（2）影响到大部段、供应商设备的交付进度。

（3）影响到长周期采购件、关键件、重要件的制造、交付进度。

（4）影响到当前正在进行的试验或者即将进行的试验等。

（5）其他可能造成影响进度、增加成本等的影响。

符合以上一项或多项的更改可定义为紧急更改。除此之外的更改可定义为常规更改。

3）工程更改的来源区分

工程更改根据来源分类，主要可以分为主动优化类更改、设计更改类更改和数据修订类更改。

（1）主动优化类更改是主动提高产品性能、基于研制规律的有计划的更改。主动发起的、有计划、有规划地对飞机状态改进，即如不升级，也能满足条款要求、生产/运营要求，或者试验验证过程中必要的产品迭代，此类通常为带来收益的更改。

（2）设计更改类更改：除主动优化外，对产品或其发布的构型文件的实质更改为设计更改类更改。这类更改通常是由各类问题（制造、试验、航线、市场竞争力问题等）引起的，对产品实物或机上工作等产生影响的设计更改。

（3）数据修订类更改指对产品无实质影响的图样、文件的修订。此类更改对产品实物和机上工作无影响，改前与改后的实物状态一致。同时其产生的影响较小，不论主动或者被动更改，都不会对成本、经费、进度等造成影响。

## 4.12 快速更改、更改打包、报批及贯彻

在商用飞机项目的全面试制、试飞取证、产品和服务验收等阶段中，为快速解决制造、客服、试飞等下游要素提出的工程更改问题，对构型控制流程的要求不仅限于"管得住"，还要求更改控制流程能够保障设计端快速响应生产运营和试验试飞现场的更改需求，完成设计状态的迭代。完整的构型控制流程，严重制约了生产和试飞节奏，其单一的、灵活性不强的构型控制流程已无法满足需求，

需设置快速更改流程，对完整的构型控制流程进行简化，如减少评估的环节、更改方案填写的内容等。当然快速更改流程需明确其使用场景，并进行严格限定。

快速更改流程的适用场景需结合飞机项目所处的不同阶段并基于更改的影响评估进行判定。针对试飞取证阶段的快速工程更改适用场景判定情况，需综合考虑更改的紧急性、强制性和贯彻架次，以及对安全性、试飞结果的影响；针对全面试制、产品和服务验收阶段的快速工程更改适用场景判定情况，需综合考虑更改对重量、平衡、结构强度、可靠性、使用特性、接口、经费、进度、3F 和互换性的影响，以及更改对符合性验证工作的影响。

快速工程更改流程通常用于解决勘误、干涉、紧固件长短等现场急需且成本、进度影响可忽略的更改。

在商用飞机取得型号合格证（TC）后的批产及运营活动中，从制造落实环节、适航报批过程中型号设计资料与其配套资料的关联、客户对机队构型管控的角度对工程更改的完整性提出了更高的要求。一方面，在取得 TC 后，更改对应的型号设计资料及配套繁杂，包括更改方案、工程图样、技术文件、符合性计划、符合性报告、手册、设备软件信息等；另一方面，更改的贯彻影响了单机的构型状态，而客户在接收飞机时希望掌握飞机交付时的单机构型状态，便于后续客户对机队的构型进行管理。基于申请人及监管方对证后型号设计的更改及其资料结构化管理的需求及主制造商向客户传递单机构型状态的需求，需对证后的更改进行打包管理，并建立统一载体。

中国商飞采用工程更改项目（MI）对证后更改进行管理。MI 是对工程更改相关的设计、制造、试验改装、客户服务等文件进行模块化管理的单元，用于将更改涉及的设计、制造、试验改装、客户服务等相关文件关联管理。同时，MI 是批产运营阶段向利益攸关方（监管方和客户）表达传递交付时更改贯彻的情况及后续航线贯彻的基础，是对工程更改的型号设计资料及其相关文件的完整更改记录。为此，当飞机交付时，会通过单机贯彻的 MI 清单表达冻结的飞机构型状态。单机 MI 清单是飞机交付时的构型基础和相关方合规输入依据。客户可通过单机 MI 清单对机队的构型进行管理。

## 4.13 更改闭环

狭义上的更改闭环常指工程端的设计更改闭环，一般由更改需求的提出，到更改方案的编制和各利益相关方的综合评估，再到更改方案最终完成决策与批准，最终实现更改贯彻。然而在实际的商用飞机产业当中，更改的闭环往往不局限于工程端设计更改的闭环，需要从更加广义的角度上，包括设计、制造、客户、审查方等全方位的全生命周期工程更改闭环处理，即更改在设计方案批准后还需提交至监管方审批、在制造端实施与验证、在客户端更改落实。必要时，更改闭环还应该涉及试飞、供应商等的工程更改相关方的落实闭环。

当工程更改的数据在民用航空器申请人内部批准后，还需要将更改提交至型号合格审查方（监管方）或经授权的设计保证系统获得批准，确保更改批准的完整性。从制造端的角度看，在工程更改方案编制环节就应该充分考虑对制造端的影响，如对工装准备和工卡编制、工艺规范文件的更改、制造费用和进度等产生的影响。当更改的型号设计资料流入批生产现场后，制造端需要依据设计数据编制工艺计划文件等，最终将更改落在飞机实物上，保证设计更改与实物更改的一致性。对客服端也同样，不仅在工程更改评估环节就应充分评估更改对客服产品的影响，而且在当更改数据流入客服环节后，也需要将更改转化为相应的服务通告等文件，并最终传递至客户，保证工程更改在在役飞机上的落实，以确保更改闭环。只有打通更改全流程监控闭环的理念，才能真正实现飞机交付快速、顺畅运营的目标。

建立工程更改全生命周期账目管理，健全工程更改全生命周期管控机制，提前识别并规避各环节风险，实现工程更改各环节的流程状态的监控跟踪，是打通设计更改-制造贯彻-客服落实-航司监控的工程更改流程闭环落实的重要手段，能有力保障大批生产制造、交付运营期间等场景下各类问题的快速响应。

## 4.14 更改有效性的决定和在制品处置

在以往更改有效性的理念中，图样的可用有效性等同于制造的执行有效性，即每次更改时，工程端必须明确新版或者新号图样的生效架次，而制造单位必须"零偏差"执行。这种将可用有效性和执行有效性强绑定的模式，在批产后会暴露如下很多弊端：

（1）工程端决定了每一个零件版本的生效架次，这就要求工程师在更改时必须准确了解每架飞机当前的装机版本，以及所有在制品情况，工程端压力过大。

（2）由于架次有效性的强指令性，制造必须严格执行，因此一旦在制品情况发生变化导致需要调整生效架次，就必须通过工程更改流程来解决，必然影响批产节奏，而且会出现浪费或者缺件的情况，进而产生串件、故障拒收报告（FRR）、带料等偏离需求。

（3）目前更改都是基于当前的图样来协调确定生效架次，每架次飞机上图样的编号和版本组合都不一样，飞机构型定义是碎片化的，缺乏全局正向策划的机制，给未来飞机交付运营后维修维护、航线更改贯彻带来很大的难度。

（4）无法支持产品和图样在跨型号之间的重用。

鉴于上述问题，应当改变传统的更改有效性理念。工程设计部门应重点完成飞机的定义和设计工作，发布符合设计要求的图样，并确定图样的选配条件和可用有效性，而不需要每次更改都反复协调架次。在生产制造时，应依据市场部门和生产部门提供的输入，确定图样执行的有效性，由配置活动提前驱动生产单机的模块清单，作为基线对单机状态进行"锁定"，稳定批产节奏。此外，在开展工程更改时，还应当将主线构型更改和在制品处置解耦合，区分处理，如主线构型的更改应通过图样的换版/换号进行；在制品的原样使用、返工，应通过单机配置的方式处置；在制品的返修应通过发出特定架次更改的方式处置等。

## 4.15 构型差异管理、构型审核

### 4.15.1 构型差异管理

在整个研发过程中，飞机产品按型号的构型，根据各种不同的需要，分化出各个独立的架次，每一个架次从设计要求到设计结果到最终生产装配出一架真正物理意义上的飞机。在此过程中，飞机及其组成系统和部件的构型/设计状态有多种，主要包括适航取证构型（又称 TC 构型）、单机设计构型要求、单机设计构型、单机制造构型（本书又称为实物状态）等。

在研制过程中的设计更改、试验改装、制造偏离等原因会导致上述构型状态无法完全一致，不可避免地存在差异。而由于试飞活动安全、验证活动的有效开展以及符合性的结论都与产品构型状态密切相关，因此需要对构型状态及其差异进行明确的标识和记录。

构型差异管理是一个不断循环迭代的过程，因为它是一项需要实践不断验证其正确性与合理性的构型管理活动，如图 4-9 所示。首先，要明确提出构型差异评估的标准；其次，通过针对要进行的活动，识别需要评估的构型差异项；再次，对差异项进行评估，评估其对验证类试验/试飞等具体型号研制活动的开展是否有影响；最后，需要对差异项进行跟踪分析，必要时需要消除差异项以避免影响试验试飞等研制活动的开展。结合实践分析构型差异评估的具体情况，总结经验，将分析结果往上反馈，不断完善构型差异评估的标准，从而优化构型差异管理流程。

图 4-9　构型差异管理模型

对于构型差异评估标准的制定而言，根据不同研制活动的需要和特点，评估的内容和侧重点有所不同。例如，验证类试验/试飞前构型差异评估的目的主要是评估所有的构型差异是否影响试验/试飞的进行以及试验/试飞是否具有型号代表性。因此，构型差异影响评估也主要围绕这个目的而展开。针对试验系统的实物构型与验证目标构型的差异：首先，要从飞机层的功能、性能上的差异进行分析；其次，从系统级性能上分析并评估其差异的影响；再次，从测试改装等方面考虑差异项及影响；最后，软硬件、零部件方面的差异也需详细评估其对构型差异的影响。还有一项很重要的工作是要通过实践分析什么样的颗粒度差异必须评估，什么样的颗粒度差异不用评估，以及其他的评估原则。构型差异评估的标准也是不断变化的，需要通过对实践中差异的跟踪和分析反馈不断完善评估标准，从而提高构型差异评估的效率，完善构型差异管理工作。

影响不同研制活动开展的构型差异可能有所不同。因此，应根据具体研制活动的构型差异评估标准的要求，识别对其有影响的构型差异项。以试验验证活动为例，需识别试验飞机/试验系统的实物构型与验证的目标构型差异。由于飞机研制活动复杂，研制过程需综合权衡各种因素，如技术进度、成本、时间等因素，因此在验证目标构型落实转化为实物构型时，会产生多种中间的构型状态。这些中间状态可以按需采用以准确定位识别构型差异，如为了达成识别实物构型与目标构型的差异的目标，可以先逐步识别实物构型与单机设计构型/试验系统设计构型差异、单机设计构型/试验系统设计构型差异与单机设计构型要求/试验构型要求的差异、单机设计构型要求/试验构型要求与验证目标构型的差异，再对这些差异进行综合分析。

在识别构型差异后，对构型差异的评估，应该围绕具体的目的开展，如基于厂际交付来评估，若某些未完工项目可以在交付后继续完成，则这些差异对交付这项活动的评估结论是没有影响的；但对某项试验来评估，若这些未完工项使试验所需的环境和条件不具备，无法开展试验，则评估结论就是有影响的，必须在消除这些差异之后才能开展试验。

综合整个构型差异管理过程，最为关键和最为困难的是准确地定义和表述差异。通常来说，大的差异是比较容易进行区分的，如由于试飞导致的系统级的区别，或者测试改装产生的具体硬件的差异，对于软件功能的偏离则相对比较难表述，多处局部差异综合产生的全机性能上的差异也很难说明。

为了更加有效地管理构型差异，可以从如下几个方面入手：

（1）准确定义系统设计目标构型、单机设计构型要求、制造的实物构型，为构型差异的表达奠定基础，这些工作需要在前期的构型定义和标识过程中完成。

（2）尽量缩小和减少构型差异，包括合理规划各架机的试验任务和试飞分工，减少设计构型差异，在设计成熟度相对较高后再投入制造，以减少制造构型差异。

（3）对研制过程中产生的构型差异，做好构型纪实，并按照相关的要求和程序进行审计和决策，以保证构型差异可见可控。

（4）设计团队在开展构型评估工作时，应从点到面，从局部到整体，每一项具体细节都必须进行评估，但不能因为细节的构型差异都评估过，就忽视对整体集成的评估。

（5）考虑借助数字化管理的系统和相关工具，辅助项目设计和制造人员对构型差异准确完整定义和分析，以保证工作的有效性和证据的说服力。

### 4.15.2　构型审核要求

1）构型审核要求概述

构型审核是预防产品召回，挽回客户不满意印象的最后一道防线。正式的构型审核可以确认产品是否满足客户需求，在产品基线形成之前，应精确地记录产品满足设计目标的过程信息，进行构型验证和审核。

在产品全生命周期中，构型基线一经产生，就伴随着对它的验证和审核。

在构型基线形成时，构型基线文件中就包含了验证要求和评审要求，如验证计划、试验大纲、验证方法、设计评审等。

在产品研制进入制造、集成和验证阶段，需要进行构型基线的验证和确认，最终通过构型审核确认构型基线。

本节从构型审核的基本定义、构型审核的分类、构型审核的内容、构型审核的流程、构型审核时机、构型审核方式等方面描述了构型审核的要求。

2）构型审核的定义和分类

国内航空标准中对构型审核的定义：构型管理的活动之一，对产品定义信息、需求符合性验证文档、工艺过程和产品检测的评审，以便确认产品的特性满足其需求，且与其发放的产品构型定义信息一致。

国内航空标准将构型审核分为功能构型审核（FCA）和物理构型审核（PCA）。功能构型审核是对构型项或系统的功能特性进行正式的审核，以验证项目达到其功能和/或分配构型文件中规定的要求；物理构型审核是按照技术文档对制造出的构型项构型进行正式的检查，或对构型项的物理特性进行正式的审核，以建立或验证构型项的产品基线。

国外构型管理标准 ANSI/EIA - 649 中对构型审核定义除了功能审核和物理审核的范畴外，也包含构型管理流程和程序已经到位，以保持产品与其构型信息的一致性。这部分内容是构型管理体系审核的范畴，凸显了构型管理体系对构型审核的重要性，构型管理体系审核已经镶嵌在构型审核的过程中。构型管理流程和程序的完备及良好的执行对飞机产品最终满足客户的性能、功能要求起到非常重要的作用。构型管理体系越完备、运行越良好，产品构型数据的开发、传递和实施的效率会越高，追溯性越强，质量越高，也可明显提高功能构型审核和物理构型审核的效率。

在商用飞机产品 FCA 和 PCA 的实施过程中，可以考虑融合构型管理体系审核，让产品数据符合和管理产品数据符合相互促进，提升构型审核的效果。

3）构型审核的目的

构型审核活动通过对商用飞机设计文件、产品实物和记录的检查，以及对程序、流程和操作系统的评估，来验证产品是否达到了所要求的功能特性和物理特性，并且满足要求的产品的设计是否已经精确地用文件标识。构型审核的目的可归纳为如下几点：

（1）证明生产的飞机达到了预期的要求，包括功能特性和物理特性。

（2）确定用于定义飞机构型的文件的完整性。

（3）证明生产的飞机与定义其构型的文件之间的符合性。

（4）建议可信的产品基线，通常是用于取得型号合格证的构型基线。

（5）为研发、生产、客户服务等工作建立一个共同的构型基础。

（6）制定行之有效的构型管理程序，确保在飞机全生命周期中对其持续控制。

通过构型审核活动能检验构型管理系统是否能够正常运行。构型审核是对飞机设计完整性和制造符合性的验证，是确保飞机性能和功能优势及商业运营成功的有力保障；同时，构型审核也为适航取证提供了控制手段和决策数据。

4）构型审核的内容

商用飞机构型审核通常由 FCA 和 PCA 两部分组成，FCA 用于验证 CIs 是否达到了构型文件所规定的性能和功能属性，PCA 用于验证按正式生产工艺制造出的产品实物是否符合 CIs 的设计文件，即证明飞机首件的实际制造构型是否符合其设计文件中规定的要求。美国军用标准 MIL – HDBK – 61 中详细规定了 FCA 和 PCA 应涵盖的内容，该标准虽然是基于军方的政府采办依据制定的，但是其对商用飞机的构型审核活动也有一定的参考价值和指导意义。

FCA 包括如下内容：

（1）审核产品构型定义（如清单、图样和规范等）是否齐全。

（2）审核用于产品适航验证测试的硬件是否符合其构型定义。

（3）审核试验程序和试验结果是否符合项目研制规范或系统规范的要求。

（4）审核正式的试验计划和试验规范的执行情况，检查试验结果的完整性和准确性。

（5）审核试验报告，确认这些报告准确、全面地说明和反映了 CIs 的各项试验。

（6）审核接口要求的试验报告。

（7）对不能完全通过试验证实的要求，应审查其分析或仿真的充分性及完整性，确定分析或仿真的结果足以保证 CIs 满足构型文件的要求。

（8）审查所有已批准的工程更改是否已纳入了构型文件。

（9）对于计算机软件构型项目（CSCI），除进行上述审核外，还可进行必要的补充审核。

PCA 应包括如下内容：

（1）审查每个硬件构型项的有代表数量的工程图样和相关的工艺文件，以确认工艺文件的准确性，并保证它们包括了反映在工程图样和产品硬件上的更改。

（2）审查每个硬件 CIs 的有代表数量的工程图样和相关的工艺文件（指令人）以确认工艺文件（指令）的准确性，并保证它们包括了反映在工程图样和产品硬件上的更改。

（3）审查 CIs 的所有记录，确认按正式生产工艺制造的 CIs 的构型准确地反映了所发放的工程资料。

（4）审查构型文件所规定的检验验收要求是否满足 CIs 生产检验验收的需要。

（5）对那些在完成 FCA 后进行重新设计的 CIs 的组成部分进行验证。

（6）审查 CIs 的试验数据和程序是否符合产品规范的要求，审核组可确定需重新进行的试验，未通过验收试验的 CIs 应由研制方进行返修或重新试验，必要时，重新进行审核。

（7）确认供应商的产品在其制造地点所做的检验和试验资料。

（8）对于 CSCIs，除进行上述审核外，还可进行必要的补充审核。

5）构型审核的流程

全生命周期构型状态的审核，也是对整个构型管理工作的最终审核，图 4-10 给出了详细的构型审核流程图。无论是功能构型审核，还是物理构型审核，其过程都分为如下四个阶段：

（1）提出构型验证要求并制订审核计划，审核计划需阐明审核的依据、议题、范围，并根据审核的具体需求制订详细的工作计划、日程安排及审核形式等。

（2）预审阶段，主要进行审核前的筹备工作，包括成立审核组、安排审核议程、准备审核所需要的设备、规定准则、确定审核分工、准备审核相关资料。

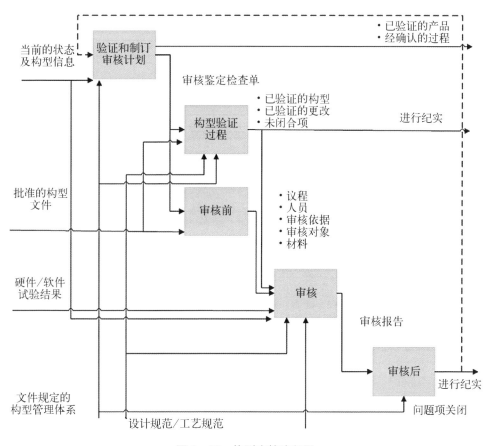

图 4 - 10  构型审核流程图

（3）审核阶段，正式的审核环节，按照受审项目清单进行正式审核，根据具体审核主题逐一检查，并对整个审核过程进行详细记录，包括发现的问题项及解决措施，最终以报告形式进行构型纪实，图 4 - 11 给出了一个构型审核报告鉴定结论的例子。

（4）审核后阶段，在此阶段需对问题项纠正措施的实施结果进行跟踪验证，评估纠正措施的有效性，直至问题项关闭。

6）构型审核的时机

对于飞机产品系统而言，FCA 顺利结束前，不得结束 PCA，不得建立产品基线。在正式建立产品基线前，应完成 FCA 和 PCA。但考虑到某些系统产品的

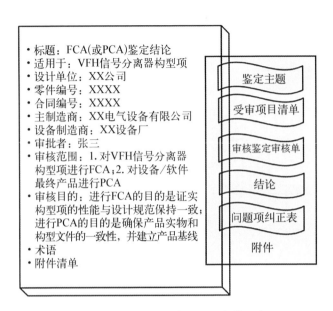

- 标题：FCA(或PCA)鉴定结论
- 适用于：VFH信号分离器构型项
- 设计单位：XX公司
- 零件编号：XXXX
- 合同编号：XXXX
- 主制造商：XX电气设备有限公司
- 设备制造商：XX设备厂
- 审批者：张三
- 审核范围：1. 对VFH信号分离器构型项进行FCA；2. 对设备/软件最终产品进行PCA
- 审核目的：进行FCA的目的是证实构型项的性能与设计规范保持一致；进行PCA的目的是确保产品实物和构型文件的一致性，并建立产品基线
- 术语
- 附件清单

鉴定主题
受审项目清单
审核鉴定审核单
结论
问题项纠正表
附件

图 4-11　构型审核报告鉴定结论的示意图

特殊性（如软件产品），为了节省资源和缩短进度，允许 PCA 与 FCA 同时进行。当 PCA 顺利结束时，产品基线应是完整和精确的。亦即无须设计补做任何工作，就足以支持制造单位进行重复和稳定地生产。

鉴于飞机的庞大、复杂等因素，飞机产品构型审核应由一系列递进式的审核来完成。具体的划分规则应根据相应的专业特点、系统复杂程度裁定，原则上 FCA 应以某一系统/设备的一个特定的功能领域为审核单元，PCA 可与项目重大验证试验前的产品质量评审等工作结合进行。对于开展过构型审核的构型项，如果后续发生了设计大改，则应重新进行构型审核。

7）构型审核的方式

在飞机产品全生命周期研制过程中，为了实现构型审核的目的，构型审核工作的方式一般分为两类：一类为结合公司政策和一系列项目审核工作共同开展的构型审核活动；另一类为根据需要单独开展的构型审核活动。

结合公司政策和一系列项目审核工作共同开展的构型审核活动如下：

（1）项目里程碑的设计评审活动（包含对供应商产品的设计评审），包含但不限于总体方案技术评审、初步设计评审、关键设计评审、详细设计评审、首飞评审、试验评审。FCA 可与项目的初步设计评审、详细设计评审等相结合，PCA 可与项目的首飞评审或 TC 认证评审相结合。

（2）飞机和其组成产品的检查和验收活动，包括但不限于需求的确认和验证、首件检验、制造符合性检查（含测试改装的制造符合性检查）、客服构型符合性检查。

## 4.16　数据纪实和监控

现代飞机产品复杂，具有零部件繁多、结构设计复杂等特点，研制工作涉及专业领域广、技术要求高、管理难度大，特别是在飞机生产过程中产生的测量、装配、质量、工装运行等方面的数据众多，为飞机制造企业的构型数据的管理工作带来巨大挑战。在飞机研制的整个生命周期中，构型管理的对象有两类：产品和承载产品构型信息的构型文件。构型纪实的本质就是对产品和构型文件现行有效的构型状态信息、产品和构型文件历史的构型状态信息、产品和构型文件更改流程信息等进行系统的采集、记录，保证在任何时候都可以查询、输出这些信息。同时，通过对构型纪实数据进行跟踪、监控、分析以及关键重要信息的可视化表达，不仅可以支持相关方实时掌握飞机状态，还可以为构型管理过程的绩效度量和过程改进提供决策信息和决策依据，如图 4 - 12 所示。

围绕上述信息，构型纪实活动主要包括如下内容：

（1）记录每一个系统/CI 当前已批准的构型文件和构型标识符。

（2）记录和报告建议的工程更改从提出到最终批准再到合同执行的状态。

（3）记录和报告所有的对系统/CI 有影响的、关键的、重大的偏离和超差申请的状态。

（4）记录和报告构型审核的结果，包括状态、识别出的偏离的最终处置以及行动项。

（5）记录和报告授权的更改的执行状态。

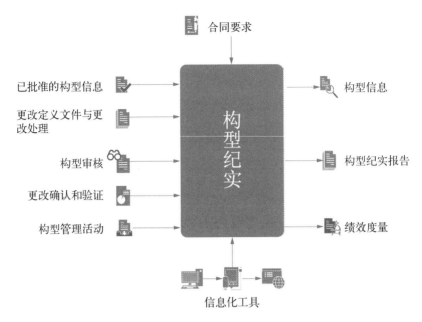

图 4-12　构型纪实活动模型

（6）提供所有更改的追溯性，从每一个系统/CI 相关构型文件的首次发放开始。

（7）报告对所有位置上、所有系统/CI 的构型更改（包括设计、制造、改型、改装和维护更改等）的有效性和安装状态。

（8）报告已经交付的每一个文件和软件或可获取的电子数据的所有版本数据文件的标识号和表达格式。

构型纪实的一般要求如下：

（1）构型纪实数据应采用统一、规范的格式和类型。

（2）应具有构型文件的实时记录、查询和报告的能力。

（3）对当前/历史的偏离/更改都应有完整、准确且可追溯的记录。

（4）对构型纪实数据应进行归档和维护，以确保构型纪实数据的可查询、可追溯。

（5）应要求供应商按照主制造商要求及各阶段工作情况，向主制造商提交相关构型纪实文件。

（6）应保证构型纪实数据在飞机的全生命周期内可查询、可追溯。

（7）应建立便捷、有效的信息化管理平台。

（8）应保证所有参与项目研制的人员能够获得准确、及时的相关构型纪实信息。

工程、制造、试飞、客服各利益攸关方可根据对构型纪实信息的使用需求，对构型纪实信息开展跟踪、监控、分析，针对关键重要信息进行结构化、可视化表达，以支持零部件状态监控、产线及在役飞机状态监控、决策数据提供、绩效度量和过程改进等。而如何有效整合信息数据，建立一套高效、低成本的构型纪实系统，实现飞机全生命周期与生产现场各环节数据的采集、记录与应用，便成为保证飞机产品质量、降低成本、缩短交货期的关键。一般来说构型信息的采集与记录方式主要有自动化采集与记录和人工采集与记录两种。

（1）自动化采集与记录：该方式适用于数据的定义、维护活动已落实到企业信息系统（如 PLM、ERP 等）中的业务场景，构型纪实信息伴随着业务过程在信息系统后台自动完成采集和记录。

（2）人工采集与记录：该方式适用于未落实到公司信息系统中的业务场景，构型纪实信息需要人工采集和记录，按照信息的填报渠道可分为两类：

a. 人工在线采集与记录：通过人工在线填报电子表单的方式完成构型纪实信息的采集和记录。

b. 人工线下采集与记录：通过人工线下填报纸质表单的方式完成构型纪实信息的采集和记录。

面对商用大型客机单架机百万量级的零件、千万量级的 BOM 属性数据等，对于成千上万架机来说，传统的数据纪实和监控方式已很难满足各方高效开展数据应用的需求，只有在飞机这种极复杂的工业产品管控中才能凸显构型管理的重要性，也只有全面数字化才是商用飞机构型管理的最终出路。"中国制造 2025"实现制造强国的战略目标指引，以及 5G 和人工智能（AI）等先进技术的快速普及，"数字飞机"有了更加明晰的实现路径。

　　国内众多制造企业开始向数字化方向转型，某商用飞机公司建立了基于构型管理的数字飞机管理平台，是该企业数字化转型的标志性工程。基于构型管理的数字飞机的核心思想是"产品单一数据源"，各方可在明确以数字飞机为底层数据（单一数据源）的基础上，结合相关业务范围，通过对数据进行检索、组合、链接，搭建出面向不同对象的功能模块，从而支持主制造商、试飞单位、客服单位、航空公司、租赁单位等客户，维修机构、监管方等各飞机利益攸关方对产品数据进行高效应用。

　　如图 4-13 所示，基于构型管理的数字飞机平台，列举了面向飞机不同利益攸关方所开发的功能模块。例如"飞机功能及设计状态展示"功能模块可实现飞机级功能性能、系统级功能性能、主要系统供应商、客户选型结果、单机设计状态（结构模块、机载设备、机载软件等）等的展示，以及相关信息与飞机模型的关联展示，可以更直观高效地展示飞机的构型状态。"客户选项虚拟系统"功能模块主要用于服务客户，包含线上交付、增强现实（AR）和数字化交付资料等部分，为与客户进行的交付对接工作提供支持。其中，线上交付主要指交付一架与实物飞机相对应的数字化模型，支持各重要系统数字化资料的详细查看；

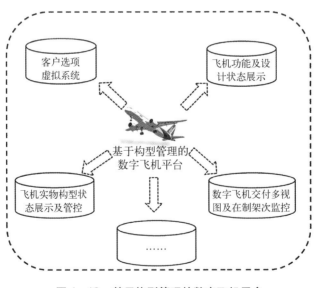

**图 4-13　基于构型管理的数字飞机平台**

AR 主要利用现实增强技术，为客户提供飞机细节检查服务，方便客户方就关心的问题进行深入检查，提高飞机交付工作的效率；数字化交付资料是对飞机交付文件的集成，对飞机交付资料的数字化、电子化处理，解决交付资料离散、形式复杂、难追溯、难保存的问题，提高交付文件编制效率和准确度，降低交付文件整理难度。

# 第5章　商用飞机构型
# 管理组织实践

## 5.1　概述

在商业飞机全生命周期活动中，为保证有效地开展构型管理工作，以保持其公正性、独立性和完整性，实现规定的构型管理目标，应规定其组织结构。构型管理的组织结构应确保构型管理活动与其他活动的协调一致并对所有构型管理活动合理地分配权限和职责。

构型管理组织是工程更改决策过程的主体，一个有效的、充分定义的工程更改决策过程可保证更改批准的权威性，即更改批准者（最终决策者）可正确地评审每项工程更改对之前已得到批准的和已纳入基线的产品定义信息的影响。如果对每项更改的决策过程均充分评估及讨论，则每项工程更改都可以准确、高效地开展后续的更改落实工作。

### 5.1.1　构型管理组织的特征

构型管理组织应具备如下特征：

（1）更改委员会应由更改决策者担当主席，他有权调动项目资源来执行已批准的更改。

（2）决策者为了项目的利益可以拒绝更改建议或停止更改。

（3）更改委员会成员应能代表专业部门采取行动，即代表工程、制造、维护、运行和培训部门，或受更改所影响的团队等。

（4）构型管理组织为工程更改提供权威决策和指导，所使用的流程、操作程序及会议纪要应形成记录，并通知受影响团队执行更改决策内容。

### 5.1.2 构型管理组织的主要职责

构型管理组织的主要职责包括如下方面：

（1）维护和管理构型基线。

（2）使更改的利益最大、影响最小。

（3）保证更改落实过程的透明及完整。

### 5.1.3 构型管理组织的层次结构与职责

带有多层次的构型管理组织结构适用于以商用飞机为代表的复杂产品和（或）地理上分布的产品研发的组织结构。当采用多层构型管理组织结构时，需要用文件清晰地定义每层级构型管理组织各自的权限，它们的职能之间不能重叠、有缝隙或冲突。

每层级构型管理组织都应制定操作程序并正式发布，使其成员能认识到构型管理组织对产品构型管理过程的重要性，理解他们的角色和职责。国外标准中构型管理组织体系如图 5-1 所示。

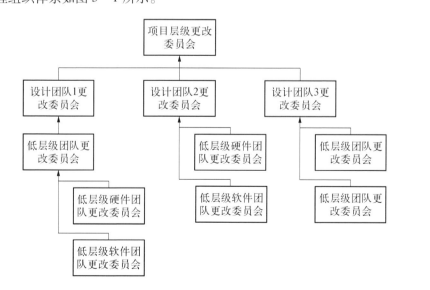

**图 5-1 国外标准中构型管理组织体系**

## 5.2　商用飞机构型管理职能机构

在中国商飞成立初期，公司产品构型管理情况归纳起来有四点突出问题：

（1）构型标识无法满足全生命周期各阶段的需求，特别是用户运行和维修使用时的需求。

（2）构型管理各阶段目的不清晰，导致方式方法的适用性和有效性不理想。

（3）单机构型定义不清，导致单机设计构型无法作为有效的制造依据。

（4）单机构型在全生命周期各阶段衔接不畅。

经过深入地诊断和分析得出，产生上述问题的一个关键原因是缺乏公司级的构型管理机构。虽然，各个型号项目均建立了项目级的构型管理组织架构（CMB/CCB/CCT），各功能中心设立有构型控制管理办公室（CCMO），但是各项目的构型管理组织以及各中心的 CCMO 运作机制和作用均不一致，各中心的构型管理组织机构与型号相关机构的关系、界面和权限没有明确的定义和界定。构型管理体系还无法保证某特定组织机构可以有效地承担起全公司型号构型管理的统筹和维护职责，更无法顾及产品全生命周期各阶段的构型管理需求。因此，有必要建立统一的公司级构型管理组织机构。

研究表明，国内、外同行企业的普遍实践是在公司层面成立主管构型的职能机构，制定统一的构型管理政策，建立构型管理体系和流程，指导型号项目团队按照公司构型管理规范和基本原则制定项目的构型管理规划（CMP）。

国外同行企业有的设置了构型管理能力中心，受工程部门直接领导，统筹全公司项目构型管理。还有的公司采用设置构型管理专职部门的方式统筹公司的构型管理工作，构型管理部门隶属于系统工程条线，并强调与产品数据管理、全生命周期流程和工具的联系和配合。

为了统一和明确中国商飞构型管理理念，完善公司构型管理体系，统一产品全生命周期构型管理规则，加强构型管理能力建设，支撑公司产品研制和项目群管理，进而全面提高构型管理的绩效，中国商飞于2018年明确系统工程和项目管理部是公司构型管理的归口部门，统筹公司构型管理体系建设，并设置了构型管理中心作为公司构型管理职能的延伸机构，是公司构型管理业务具体实施的责任主体，支持公司系统工程部开展产品全生命周期构型管理策划工作，编制与推广公司通用的构型管理相关程序及方法，指导及审核构型管理业务具体实施，履行型号构型管理职责等。

设计研发中心、总装制造中心、客服中心、试飞中心等相关功能中心根据通用构型管理规定和流程（端到端）实施功能活动（如评估、审核构型变更申请）或提供服务，配合构型管理中心完成产品相关构型管理程序；其构型专业部门应接受构型管理中心指导和培训，并根据需要向项目团队派驻构型管理团队成员或提供产品构型相关技术支援（如完成型号MBOM或SBOM的编制和维护工作），负责向构型管理中心反馈、建议构型管理规则和程序在实施过程中遇到的问题和困难，协助公司构型管理体系的持续完善。

各项目团队是公司构型管理流程的执行者，是本项目构型管理的责任主体，负责组织本项目团队推进项目构型管理工作，配合系统工程部和构型管理中心推进公司构型管理体系的建设，执行和遵从系统工程部和构型管理中心制定的构型管理要求、制度、规范和程序标准，接受构型管理中心对于构型管理工作的指导和审核。

2018年以来，以公司系统工程和项目管理部和构型管理中心为代表的公司构型管理职能机构，坚定推进构型管理规则统一工作，在包括统一公司构型管理理念、统一全生命周期构型管理过程程序和要求、统一构型管理组织、统一构型管理工具等方面取得了较大的成就，统筹构型管理关键技术；在件号标识和再标识技术、全生命周期内产品结构BOM完整规划技术、支持多客户构型状态配置的单机构型管控技术、支持精细化的更改控制技术和面向不同研制模式的衍生型构型管理策划技术等方面获得了重要突破，积极推进统一软硬件构型管理、供应商构型管理及构型管理岗位资质培训体系等，统筹产品全生命周期构型管理业务，做到了以统一的构型管理规则体系覆盖ARJ21、C919、宽体及后续型号的研制工作，实现了程序收敛、过程统一、规则覆盖全生命周期。同时，也编制了商用飞机行业构型管理标准，积极进行了构型管理国际对接和行业交流，举办了三期商用飞机构型管理高级研修班，涉及二三十家行业相关单位，为同行提供了商用飞机构型管理实践经验。

## 5.3 构型管理在项目上的推进

### 5.3.1 项目中构型管理组织体系的建设原则

对于商用飞机产品系统项目，为确保构型活动有效运行，实现项目整体最优决策，需组建项目的构型管理组织。

项目构型管理组织策划原则如下：

（1）针对商用飞机项目，需组建项目构型管理组织，且由公司项目部派驻项目的构型管理负责人负责，组织搭建项目构型管理组织体系。项目构型管理组织应在飞机功能基线建立之前创建，若飞机功能基线建立前未建立项目构型管理组织，则需项目综合产品团队（IPT）代行构型管理组织相关职责。

（2）开展项目构型管理组织角色策划，在产品全生命周期的不同阶段，各级构型管理组织的组成和侧重存在差异。

（3）项目构型管理组织设置须充分考虑项目背景，列举如下：

a. 项目是否和其他主制造商联合研制，如为多主制造商联合研制，则须考虑设置联席组织机构。

b. 项目是否为衍生型项目，如果是大量沿用基本数据的衍生型项目，须考虑其组织体系与基本型组织体系的关系。

在一般情况下，CCT 可以和基本型共用，CCB 由衍生型项目酌情组建，CMB 的设置需进行项目决策并根据公司情况考虑是否和基本型合并或者统一由公司级跨项目 CMB 统筹。

（4）策划项目构型管理组织时须考虑项目产品团队的设置，列举如下：

a. 若在 IPT 中制造、客服、试飞等各要素成员齐全，则可以用 IPT 代替 CCT

履行相关职责。

b. 考虑总师系统和构型管理组织体系的关系，如果成员重复较多，则可考虑合并。

c. 设置 CCT 时，非工程专业也可按需设置，如客服 CCT、制造 CCT、试飞 CCT 等，且可考虑配置工程专业人员以及其他非工程专业人员。

d. 在一个型号中，一个 CCT 可以由一个一级 IPT 组成，也可以由多个一级 IPT 合并设置形成。

### 5.3.2　构型管理组织体系的层级及职责划分

项目构型管理组织体系包括项目 CMB、CCB、CCT。为支持其工作开展，可以设立相应的项目构型管理办公室（CMO）和构型控制办公室（CCO），如图 5-2 所示。

1）构型管理委员会（CMB）

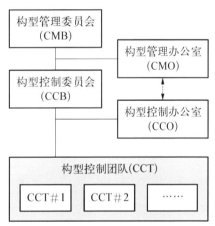

CMB 是型号项目重大更改的决策和管理机构，每个型号设置一个 CMB。CMB 主任由项目团队总经理担任。CMB 由主任、副主任（按需）、项目管理、工程、制造、客服、试飞、生产（按需）、财务、质量、市场营销、采供管理、适航管理席位组成，每个席位仅设置一名成员，其他相关人员如需参会，可以列席，但不具有决策权。

图 5-2　项目构型管理组织架构

考虑到某些项目特殊阶段，如可增设复材席位等。

2）构型管理办公室（CMO）

CMO 是 CMB 的日常管理机构和工作协调机构，主要负责 CMB 会议的组织、议题报告的预审及函审的签字等工作。CMO 设立在公司项目管理部。通常由一名主任、一名副主任及若干成员组成。

CMO 主任由公司系统工程与项目管理部构型管理团队负责人担任，成员由

CMB 成员的支持人员及构型管理专员组成，构型管理专员由公司构型管理中心派出，协助 CMO 主任开展工作。

3）构型控制委员会（CCB）

CCB 是工程更改的主要决策机构，主要决策涉及专业多、影响较大的工程更改。每个型号原则上设置一个 CCB。CCB 主任由项目的工程条线副总经理或总师担任。

CCB 设置常设席位和非常设席位，常设席位每次决策均应发表意见，并具有投票表决权，非常设席位按需参加 CCB 会议。CCB 常设席位由主任、副主任、项目管理、工程、制造、客服、试飞、财务、质量、市场营销、采供管理、适航管理、生产（按需）等席位组成，每个席位均仅设置一名成员，CCB 非常设席位由各 CCT 组长、供应商代表等角色组成。

4）构型控制办公室（CCO）

设置 CCO 作为 CCB 的日常办事机构，主要负责 CCB 会议的组织、议题报告的预审、函审的签字及对接 CMO 等工作。CCO 设在公司构型管理中心。

CCO 主任由构型管理中心负责人担任，按需设置副主任。

CCO 成员由构型管理代表和 CCB 常设席位人员的支持人员组成，必要时可增加信息化中心、基础能力中心标准化部等相关人员。

5）构型控制团队（CCT）

CCT 为项目基层更改决策组织。CCT 会议基于权限分配，决策涉及本专业或者跨专业的更改。在一个型号中，一个 CCT 可以由一个一级 IPT 组成，也可以由多个一级 IPT 合并设置形成。

CCT 由组长、副组长（按需）、项目管理、构型管理、工程、制造、客服、试飞、财务、质量、市场营销、采供管理、适航管理席位以及供应商代表组成。一个人可以兼任多个 CCT 的席位。CCT 组长由一级团队高级项目经理担任。

### 5.3.3 构型管理组织的决策原则

在商用飞机项目的全生命周期内，应根据各级构型管理组织的审批权限对工程更改进行决策。决策组织在决策时应充分了解工程更改的内容、范围、接口，以及对相关要素的影响（包括但不限于系统的定义、生命周期利益攸关方、资源、市场目标要求、飞机设计目标和要求、适航活动、产品构型、试验验证、客服产品、费用、进度、合同等方面）。基于定性和定量的数据分析、工程技术判断以及与各利益攸关方的讨论交流，做出有利于项目整体目标的决策。

1）系统性原则

进行工程更改决策时需整体统筹考虑工程更改所涉及的产品/系统和相关产品/系统，主要包括商用飞机（产品系统）、飞行机组（人）、地面服务系统（使能系统），还包括相关的使能组织，以及决策对象和外在的相互联系及相互作用。

如决策某一专业的更改时，应充分权衡对存在接口、产品全生命周期的影响，对上下游等专业的影响，确保影响均得到全面考虑，从项目层面、飞机层面充分考虑，保证更改决策能实现全局最优。在决策时不仅要看到工程更改解决的问题，更要全面地了解工程更改会带来的风险。

2）可行性原则

决策时为确保工程更改确实可行，决策更改时要求工程更改符合客观条件，具有很大的现实可能性，实施路径可行，且符合当前技术能力、人力资源、经济能力、项目进度等条件。

3）经济性原则

充分分析工程更改所花费的代价和取得收益的关系，研究投入与产出的关系，决策组织需以经济效益为中心，并且把经济效益同社会效益结合起来，以较小的劳动消耗和物资消耗取得较大的成果。

4）民主原则

决策活动中各相关方充分发表意见，决策组织充分发扬民主作风，调动构型管理组织各个席位以及相关供应商等参与者的积极性和创造性，共同参与决策活动，最终工程更改由相应的构型管理组织做出决策。

### 5.3.4 构型管理组织体系的建立原则及典型案例

1) 某商用飞机项目构型管理组织体系案例

构型管理组织体系由项目 CMB、CCB、CMO、CCO、CCT 和中心构型管理办公室组成。构型管理组织体系的工作要求和程序是对项目构型管理工作章程的细化和补充，主要用于明确 CCB、CCO 和 CCT 在进行构型管理有关问题的协调和决策工作时的职责分工、工作流程和执行要求，如图 5-3 所示。

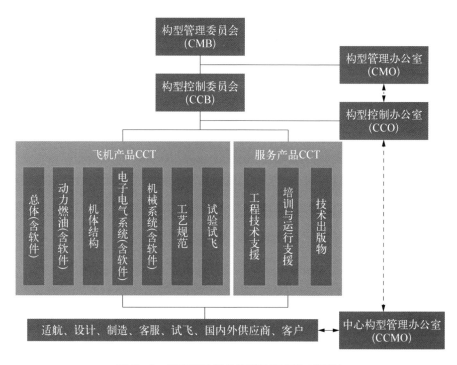

**图 5-3 某商用飞机构型管理组织体系案例**

构型管理工作程序如下：

(1) 所有参研人员均可以就某构型管理事项向 CCT 提出活动申请。

(2) CCT 组长/副组长组织开展活动。

(3) 若 CCT 可以对该事项做出决策，则形成活动记录反馈给事项提出方，同时报 CCO 备案。

（4）若 CCT 认为该事项需要提交到 CCB 进行决策，则应填写议题报告提交 CCO 构型管理代表。

（5）CCO 开展活动，对议题报告进行初步判断、筛选和过滤；认为不需要上报 CCB 的，形成记录反馈给 CCT 和构型管理事项提出方。

（6）若经 CCO 确定，需要提交到 CCB，则由 CCO 组织 CCB 开展活动，形成决议，记录备案并反馈给事项提出方。

（7）若经 CCB 确定，需要提交到 CMB，则由 CMO 组织 CMB 开展活动，形成决议，记录备案并反馈给事项提出方。

在构型管理组织体系的规划中要确保构型管理过程的程序化、集中化、规范化和显性化；解决跨产品领域的构型管理问题；确保产品构型发布和更改符合各个利益相关方的要求；策划、组织、控制、决策构型管理事项和所遇到的工程更改。

2）某联合研制商用飞机项目的构型管理组织体系案例

构型管理组织体系规划总体思路包括如下方面：

（1）职责完整，要素完整。即组织体系工作内容应该能够完整覆盖构型管理体系建设、构型管理策划-组织-监控和报告、构型管理实施和更改决策三部分内容。同时，为了保证能够考虑所有相关方的利益，并有效调配资源，构型管理组织体系应该包含所有必要的要素，包括工程、制造、客服、试验、质量、适航、成本、进度等。

（2）分部分级管理、职权对等、关系明确。项目具有高度复杂的系统，分为多层次的产品级别，不同层级产品在构型管理工作中，尤其是构型更改中，需要调用或消费的资源不一样。为了提高决策效率，应该建立多层次的构型管理组织体系，并对每一个要素配备对等的人员角色。此外为了保证体系的运行，应该明确各自的工作职责和权利，并对各个机构之间的关系、授权机制和汇报机制等做出规定。

（3）考虑项目研制特点。项目采用"联合研制+主制造商-供应商"的研制模式，因此，在组织体系规划时，既要考虑到分工协作的需要，又要体现综合管理的目标；另外，还应该处理好与供应商的关系，明确好工作职责分工，更好地对供应商进行管控。同时，考虑在不同阶段项目组织主体的不同时，应该建立与之相适应的构型管理组织体系。

（4）发挥几个关键组织在整体体系中的核心地位。充分发挥 CMO 在实现项目全生命周期构型管理目标中的领头作用，既承担起项目级构型管理的策划、组织、监管等职责，又要确保各个领域的构型管理团队能够协同开展工作，形成对构型管理工作的有效支撑。强化 IPT 对产品构型的定义和维护主责，考虑在 IPT 设置专职的构型管理主管，协助 IPT 负责人完成本产品范畴的构型管理工作，同时构型管理办公室之间形成任务下达和汇报机制。

3）G4 阶段前构型管理组织体系建议方案

按照目前项目规划，进入详细设计（GET4，简称 G4）阶段前，联合工程团队（JET）作为工程研发主体，完成飞机的总体方案设计和初步设计，建议构型管理组织体系由项目 CMB、CMO、联合构型控制委员会（JCCB）、联合构型控制办公室（JCCO）、各 IPT 组成，如图 5－4 所示。

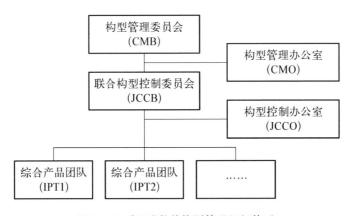

图 5－4　G4 阶段前构型管理组织体系

4）G4 阶段后构型管理组织体系建议方案

项目构型管理组织体系由项目 CMB、CMO、JCCB、JCCO、分部构型控制委员会（LCCB）、分部构型控制办公室（LCCO）和各 IPT 组成，如图 5－5 所示。

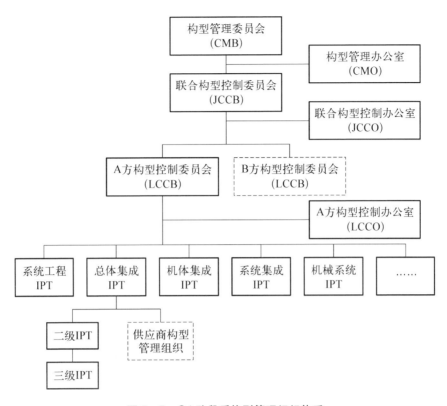

图 5-5　G4 阶段后构型管理组织体系

## 5.4　构型管理组织在供应商处的延伸

主制造商要求供应商内部必须建立构型管理体系，并在构型管理组织的有效领导下开展，组织体系的有效运作能够保证供应商产品构型受控。

主制造商作为 TC 和 PC 证书的持有人，必须确认飞机和所有部件（硬件和软件）的构型管理规则，确保将 CM 要求和做法传递给供应商以及次级供应商。此外，对供应商及其次级供应商建立的构型管理体系，应对其相容性和充分性进行评估。

工业经验表明，在供应链中最低端看似微小的变更，都会影响到飞机层级的合规性和安全性。为在整体上有效地控制构型，至关重要的是把 CM 的要求传给供应商以及次级供应商。此外，同样至关重要的是，所产生的 CM 计划必须是兼容的，并且这些计划集中起来描述了一个 CM 系统。它控制着设计和生产系统一直到最低端。

主制造商应对供应商的构型管理体系和过程提出要求并实施监督，包括如下方面：

（1）要求供应商建立完整的构型管理体系并通过 CMP 描述和提交。

（2）明确供应商构型管理需要包含的对象。

（3）明确供应商构型项定义、产品结构、产品标识、构型文件标识、构型基线等构型标识要求。

（4）明确供应商内部构型控制的要求，建立主制造商与供应商之间的构型控制流程。

（5）明确构型纪实和构型审核要求。在转段评审时，供应商应按照主制造商要求以及各阶段工作开展情况，向主制造商提交构型纪实和构型审核相关文件。

（6）要求供应商对次级供应商提出构型管理要求，并审核和监督次级供应商构型管理体系。

（7）审核供应商的构型管理体系并监督执行。主制造商应向供应商提出构型审核的要求，按计划开展对供应商的构型审核，并检查供应商内部构型管理的开展情况。对检查出的构型管理规则、程序和流程问题或不满足构型管理规划中要求的问题提出整改建议和措施，并监督执行。

在供应商评估主制造商传递的构型管理要求、供应商内部决策主制造商传递的工程更改、供应商提交主制造商要求的构型管理活动交付物等场景时，都需得到构型管理组织体系的认可，供应商构型管理组织体系是主制造商构型管理组织体系的延伸。

# 第6章 商用飞机构型管理技术发展与展望

## 6.1 构型管理技术发展变化

通常而言，五个方面内容对工程技术方法的发展变化会产生明确的影响：第一，上游或基础的管理要求变化，系统工程、项目管理、适航管理和质量管理的需求和变化就属于这一种类型。第二，技术的发展，关联到构型管理最直接的就是信息化技术，其他的还有新材料、新工艺等。第三，工程理念的影响，对待产品的不同工程理念对工程技术管理而言也影响巨大。例如，模块化、仿生化、自进化等，这些工程理念对产品的影响会直接作用于工程技术方法的进化。第四，实践的反馈，实践的反馈本身可以被分解到前三种，但是它又是综合了利益攸关方、市场、企业、舆论、历史环境等的综合因素，所以也可以独立地观察它对工程技术方法的影响。第五，人，特别是人才，优秀的工程哲学家、架构师、工程师、科学家、艺术家，他们会综合科学、技术、工程、美学、文化等多方面的内容，有意或无意地驱动工程技术方法的变化。

### 6.1.1 构型管理同项目管理、系统工程等相互影响和相互促进

在不同的标准里，构型管理的所属领域各不相同，有的标准将其放到项目管理的相关要求里，强调其位于项目管理中，是驱动项目变更、管理项目变更、管控项目范围、控制项目成本、保障项目质量、支撑项目进度、节约项目资源以及破解项目风险的重要手段；有的标准强调其是系统工程的一部分，构型管理更是

嵌入到系统工程的各个系统设计及产品实现的过程中，以产品数据为载体，与系统工程相关工作流程相互交织、互为影响。不过，不管是系统工程的标准，还是项目管理的标准，都没有否定对方对构型管理的纳入和重视，而且，越来越多的相关书籍将构型管理视为与两方面都相关，两方面都需要重视，或者说是衔接两个领域的重要内容。

除此之外，从适航管理及质量管理的角度，构型管理也有重要作用。具体而言，构型管理在适航符合性，特别是适航过程的结果的连续性和完整性上，发挥了基础性作用；在产品质量控制的一致性、差异化控制方面作为关键质量环节的关键工具方法而受到重视。特别在传统构型的大型商用飞机产品越来越复杂的情况下，构型管理也得到不管是适航领域还是质量领域独特的关注。

构型管理与以上管理领域关系密切，构型管理的发展也与以上管理领域的发展相互影响和相互促进。

### 6.1.2 新技术、新理念、市场及环境变化对构型管理发展的影响

本节将对新技术（信息化技术由于对构型管理影响显著，因此在下一节单列）的发展、工程理念的发展以及实践的反馈对构型管理的影响进行综合的总结和描述。

传统的构型管理技术，特别是商用飞机的构型管理技术，由于管控产品对象的高度复杂性，一直在策划、标识、控制、纪实、审核的五个分类下，不断细化，逐步积累，形成了一套非常复杂的管理方法。比如，涉及标识和控制的变化，往往都是牵一发而动全身，是典型的涉及全生命周期的更改变化，其在研制、生产、运行支持、维修维护等环节，诉求各不相同，每一次变化都需要在全生命周期框架下，仔细推演各个场景、确保各个场景下的变化都能识别并落实，涉及规则、工具、数据等方方面面，这也导致这些规则的优化和迭代的成本越来越高；同时，由于构型管理流程嵌套在工程数据、工程协调的过程中，随着工程设计活动不断成熟，会不断提出细化的工程数据要求、工程协调规范，因此部分工程数据要求和工程协调要求与更改控制要求衔接、嵌套在一起，导致其不断细

化，逐步变成了一个越来越"重"的工作过程，倘若需要调整，则需要耗费非常多的资源来推动实施。所以在这个基础上，构型管理规则为了满足产品研制的需求，一方面不断结合产品生命周期状态，各种工程、制造等场景的需求，细化各类操作层面的规则和工具；另一方面，也在逐步结合工程理念、智能化技术以及产品类型，逐步向轻量化裁剪规则、阶段化更改控制、模块化产品策划、智能化场景细分、一体化标识应用和层次化产品配置等方面发展，下面就这几个方面展开讨论。

1）轻量化裁剪规则

针对现在越来越敏捷的开发过程，以及创新产品的演进方向，轻量化裁剪规则成为主流。新能源、新材料、新的通信和信息化技术以及环保和适航规则的逐步严格，催生出了新能源飞机。新能源飞机不仅在产品的技术层面，在组织管理、项目管理、系统工程过程等方面，都较之前的产品研制过程有很大的发展。系统工程过程往往是敏捷开发，由于初期市场竞争的激烈，项目管理过程也强调成本约束；如果在此基础上运用传统的构型管理方法，则无法有效适配。所以，在这一趋势下，传统意义上的商用飞机构型管理需要进一步进行裁剪。裁剪的方向主要集中在应用构型管理阶段以及产品标识和控制流程上。3D 打印、一体化铸造技术、功能模块集中化设计、系统结构一体化封装技术、电子零件冗余设计、开源软件使用、模块化通信系统、替换式维护等方面，都将产品的组成对象从数量级、制造工序和维修维护工况上降维。这一直接结果是产品的物料表来源与传统的电子产业、通信产业同源了，可替换性加强了，物料成本降低，物料的特殊维护、存储等要求降低了。对于构型管理，意味着复杂的 BOM 系统简化，但是物料的替换关系更多样，物料的全生命周期，特别是后勤保障方面简化了（换得多，修得少了），产品的标识更多地要与近场通信（NFC）、二维码等技术融合，更加缺少特定型号特色，而趋近于工业品甚至是消费品的处理方式。同时，在更改控制上，由于往往敏捷型团队是一体化团队，因此更改流程在环节上更加简洁，但是在实施和验证上要求比以往反馈周期更短、响应更快，这也意味着现场更改、及时更改的要求更高，实施更改，阶段处置将成为这一阶段的主流更改模式。在这一场景下，构型管理的纪实，更多的是在协同工作（在线协同文档工具、在线协同开发工具）的情况下，约束好共同的设计定义，以及将协同工作的工具所记录的产品关键更改与产品的更改系统（或产品数据管理系统）相结合。

2）阶段化更改控制

阶段化更改控制主要是指更细化的、更加匹配项目生命周期的、差异化的更改控制流程。传统的商用飞机构型管理已有对不同阶段、不同更改控制手段的要求，但是这往往还是在系统工程生命周期模型下较粗的划分。这种划分方式的优点是在一个项目、项目群、公司里面，规则是相对清晰的；缺点是在场景识别、要求细化、规则配套以及能力匹配上还有欠缺。特别针对国内商用飞机主制造商，工程能力尚不成熟，仅按系统工程生命周期模型来推进更改控制流程，则无法充分识别隐藏在表面的成熟度下面的实际产品状态，实际产品状态同按评审要求达到的产品状态往往还有不小差距。这一状态差值对后续业务的推进有巨大风险，不仅是技术风险，还有因相对差距而迅速推进的实验验证、批生产准备等一系列进度风险。所以这个时候，针对这种矛盾（并且这种矛盾由于技术差距和进度后墙的压力，根本无有效方式调和），差异化的构型管理，特别是产品标识及更改控制就非常重要。更具体而言，这里主要是原型机不同生命周期阶段的更改控制差异化、原型机的更改流程和批生产机的流程要有差异，小规模批生产（年产10架份）和大规模批产要有差异（年产50、100、200、500架份等）。举个例子，原型机制造阶段要适应高速迭代的要求，更改流程要快速、高效。原型机下线后，特别其在试验试飞过程中时，更改场景就明显复杂，飞机从无限资源的产线状态转移到类似于计划生产的运营状态，但是相比运营状态又有较大的差异，有大量的实物贯彻更改情况、测试改装和非标准的维修维护活动，更改需综合考虑贯彻效率和贯彻条件。

3）模块化产品策划

模块化产品策划主要指新材料技术、零维护理念，特别是整体模块化设计、制造技术的逐步成熟，导致构型管理规则，特别是标识规则的适配和完善。随着各类轻量化材料、高分子材料的引入，传统的维修理念逐步转变；一体化铸造技术、基于可靠性数据、综合大数据分析的部件优化技术（将分散小部件，逐步整合成一体化部件）、民用级产品耦合提高容错性技术等新技术的出现和应用，使得新的民用航空、航天产品，从专用设计、专门制造、专有物料（航空级）、专业维修向部分乃至于全面的通用设计（开源软件和民用计算机设备）、打印制造（一体化的产品）、通用物料（同热门消费品和汽车等领域共用物料）以及只换不修（部分零部件不做维修性设计，出现问题只换不修）转变。在这一转变下，产品标识编码简化，多为通用件号（或者产品规格）。大量零件为互替换件，更改控制过程简化。但是在物料管理上，不同批次产品的纪实状态需要做好记录，以备进行事后追溯。总体而言，模块化产品策划对应的是物料使用维度的降级，设计理念的进阶（一体化产品、简化维修、通用物料），相应地也会降低构型管理的复杂度。

4）智能化场景细分

智能化场景细分指的是更改控制的场景不再是传统的"提前策划、程序约束、问题修正"模式，而是结合制造、运营大数据，利用智能化算法，进行更改的预测、推荐、整合等功能，从而将更改控制的场景细分至更加适应专业发展的程度，更好地为产品改进、管控服务。在这一趋势下，产品进入详细设计阶段后，其每一次更改的发起、协调、落实、反馈等都在整体的监控之下，从而掌控整个更改实施后产品的运行状态。不断分析学习更改需求、后续更改实施，形成产品更改的预测模型，通过预测模型整合不同来源的更改诉求，选取最佳决策点实施更改，从而支撑产品更改效能不断提升，服务于产品品质管控。

5）一体化标识应用

一体化标识应用指的是产品零部件逐步摆脱传统意义上的图号、件号等意义标识，逐步由激光打印二维码、NFC标识所替代，并由区块链技术等纪实全生命周期活动的技术应用。这种产品标识应用充分衔接只换不修理念，通过NFC及激光打印二维码技术逐步补充甚至替代传统的产品标识，同时通过区块链技术实施产品零部件关键动作（如重要拆装、测试、维护、维修）纪实。一体化的标识将传统意义上的物料管理中的查验过程进行简化，能够更加精准地进行管控，缩短维修决策距离，达到简化物料管理、简化后勤保障的目的。

6）层次化产品配置

层次化产品配置指的是产品进一步深入落实模块化理念，不仅在飞机级产品，并且在模块机零部件上，深入落实配置理念，简化工程更改过程。这里主要指在产品的模块层级也进一步深入落实配置理念，将场景固化的一些预期变化通过配置的方式实现，从而减少不必要的工程更改，提高产品的效率，减少工程浪费。

## 6.2 信息化技术对构型管理的影响和后续发展

随着时代的发展，诸如数字孪生、人工智能、大数据分析、5G 技术、云计算、物联网、数字样机等新技术不断涌现，这些新技术为构型管理活动不断带来新的工具方法，同时如何应用这些技术作为企业构型管理的工具抓手，如何高效、妥善地使用这些工具方法解决日常构型管理工作中存在的问题，也是我们需要不断思考和解决的问题，下面就新技术的应用方向展开讨论。

### 6.2.1 构建企业构型管理工作抓手

构型管理的目的是系统地控制产品构型发生的变化，并在产品的整个生命周期中保证构型信息的完整性和可追溯性，使相关方获得恰当的信息，这些信息的传递往往以 BOM 为载体，而经过完整规划，串联了企业主要价值产生过程的企业级 BOM 毫无疑问可以成为构型管理的工作抓手。制造业企业的业务主线是与产品直接相关的研发、制造、采购、试验、交付、售后维护维修等活动，这些活动中每时每刻都需要说明产品的状态信息，并通过业务流程向下一个环节传递，这些信息也是构型管理工作的重点，此时需要通过 BOM 对产品进行表达。产品可以由一个或者多个物料组成，同时它也可能是更高级产品的物料。对主制造商而言，飞机是终端产品（最终交付产品），而组成它的产品（如原材料、标准

160

件、成品件、设备、软件、自制零部件、部件、大部件、部段、大部段等）均属于物料范畴。

以飞机的设计、制造、维修维护为例，从设计工程师的视角来看，设计端 BOM 只需说明当前产品是什么，它是由什么物料组成/生成的，以及需要什么数据来组成和生成（技术要求、技术条件等）。但这样的设计端 BOM 对工厂和车间来说还不足以指导开展具体的采购、制造、排产、检查、出入库、交付等活动。因此需要对设计端 BOM 进行加工、调整，在保证基础物料一致的前提下，综合考虑工艺路线、零件计划、采购定额、装配顺序、装配计划等要素，完成制造端 BOM 的重塑。并以生产性工艺文件为输入，关联 ERP 系统物料出入库记录，以设计端 BOM 为结构搭建实物 BOM，形成单机的实物 BOM 纪实档案，覆盖所有必要的可追溯记录。同样的逻辑，对售后维修维护人员来说，设计端 BOM 的结构与内容并不完全符合维修维护业务场景下的需求，需要根据维修维护任务重构出客户服务 BOM，明确维修维护任务所需使用的物料、程序等。当飞机交付后，基于服务通告的执行反馈情况等，更新前期形成的单机实物 BOM 纪实情况，供相关人员使用。从这个例子可以看出，不同用户对 BOM 的理解不同，使用需求不同，因而产生了企业级 BOM 的定义。企业级 BOM 是产品全生命周期的一系列 BOM 的集合，它们在同一数据源的基础上，按照不同需求对数据进行组合、转化和展示，供不同的角色使用。而构型管理的对象就是产品数据，因此可以说企业级 BOM 是构型管理最大的工具抓手。而要规划好这个工具抓手则有以下几个重点。

1）完整的 BOM 架构

产品的全生命周期可以简单分为设计、制造、售后服务三个不同阶段。不同生命周期阶段的业务重点各不相同，相应的全生命周期 BOM 就可以初步拆分为 EBOM、MBOM、SBOM 三类技术状态 BOM，以及一类实物状态 BOM。EBOM 是从设计工程师的角度看待飞机分解和组成关系，管理每一个产品定义和属性信息，以及产品实现所需要的工程物料（如标准件、自制件、成品件）等，以及配套的图样和文件。MBOM 是由工程数据集转化的制造数据集，反应制造对产品物料的需求信息。MBOM 按工艺分离面在工艺规划过程中逐步形成，由于设计分离面与制造分离面的不同，MBOM 中会产生很多在 EBOM 中未出现的物料代号，一般称为工艺组件。这些工艺组件在制造进程中会被逐渐消耗，最终形成与 EBOM 要求一致的产品，保证对 EBOM 中所有零件的全部消耗。MBOM 主要以装配大纲（AO）为中心。SBOM 是由工程数据集转化的维修维护数据集，从维修角度出发，对 EBOM 的产品结构进行重构，定义飞机维修项目，同时贯通客服工程的各项业务过程，如维修工程分析、技术出版物编制、地面支持设备（GSE）设计、航材预测等。实物 BOM 则是组成每架飞机全部所需零部件（含标准件）的纪实结果汇总，主要管理实物状态，形成以 EBOM 为结构，件号为核心，纪实结果准确的单机纪实档案。

完整的 BOM 架构可以在贯穿产品全生命周期的同时贯穿企业的主线业务过程，即可以通过 BOM 的更改流程驱动业务过程，在 BOM 数据的依次更新中完成业务的逐项推进。

2）统一的主数据规则

完整的 BOM 架构若要准确、高效地运转，有一个必不可少的前提，就是统一的主数据规则，且须保证数据源唯一，可以分为产品主数据、物料主数据等。在 BOM 间的数据传递、重构工作以产品主数据为基础进行，驱动形成跨 BOM、跨业务领域的信息主线。

产品主数据一般以件号为核心属性，在 BOM 的展示中包含索引信息（件号、名称、版本等），基本信息（产品类型、材料牌号、材料规范等），特性要求（是否为关重件、自身互换性、对称件等），技术要求（喷漆定义、密封定义、黏接定义等），更改信息，贯彻信息等，每一项 BOM 中的产品主数据都必须且仅关联到 CAD 软件中的某一份图纸或者数模。

3）闭环的更改控制流程

飞机不同阶段的构型一旦经过评审、冻结并正式发布，就须纳入构型基线进行控制，即所有受控的构型数据都无法直接更改。构型数据必须统一、系统地经由工程更改问题、申请、评估、规划、批准后方能实施更改，工程更改的流程已在第 4 章进行了介绍，此处不再赘述。更改和实施的过程应该被完整地记录和监控，更改实施的结果应在各 BOM 上体现，须杜绝任何不受控的更改和实施出现。

须特别强调工程更改流程应完整且闭环，通过完整的 BOM 架构结合任务管理功能，可帮助实现闭环管理。当工程更改经批准后，首先进行的是设计落实，一般设计落实的结果是产生新的产品数据、技术文件等并在 EBOM 上体现，不涉及实物落实。当 EBOM 发生更改后，MBOM 与 SBOM 同时接收 EBOM 变更的提醒，并进行相应的制造落实与客服落实工作。制造端一般对工艺文件、采购需求文件等进行修订、落实，并体现在 MBOM 中，后续工艺文件的单架次记录作为关闭依据，并体现在实物 BOM 中。客服端一般会对维修任务、手册等进行调整并在 SBOM 中体现，当涉及航线飞机时通过服务文件协调航空公司进行更改贯彻。

### 6.2.2 运用新技术解决工作难点问题

除了企业级 BOM 这一工具抓手外，不断涌现的新技术还可以帮助解决很多原来工作中的痛点，诸如数据传递与纪实、更改控制管理、维修问题改进等。

1）运用新技术解决数据传递及纪实问题

对于飞机主制造商来说，面向设计、制造、试飞、客服和运营的单机构型数据的高效串联和管控仍有待提高。协同设计以及更改、表明制造符合性、局方核查、客户运行支持等各方都要求纪实准确。但受限于构型管理数据散布在各功能领域、各信息化平台，如何在保证唯一数据源的前提下，准确且高效地传递数据及纪实一直是一个难点。此外，主制造商与航空公司用户、局方等利益攸关方围绕构型定义及概念，通过传统的文本方式表达及描述无法持续有效达成一致，当出现产品问题时，由于对构型管理的定义及工作范围理解不一致导致了认知错位以致工作反复，影响了改进效率和用户及局方对主制造商的置信度，因此这是一个堵点。

针对以上问题，结合数字样机、5G、三维仿真等技术可打造一个以数模为管理对象，包含飞机生命周期各阶段构型信息的数据关联及展示平台。在平台中以产品设计构型为龙头（"前世"），贯穿牵引不同产品阶段（外场、产线、运营）的纪实状态（"今生"），支撑各方高效开展构型数据应用，数据管理对象支持从飞机整机向下钻取至零部件层级，将各方数据整合纳入平台统一数据湖中，包括产品设计信息（数模、技术文件），产品制造信息（FO 情况、原材料信息、关键特性），产品装配信息（AO/AAO 落实情况、首件检验、监造信息）以及产品质量信息（FRR、DISR、材料代用）等。同时，数据刷新周期可基于需求调节，保证效率及实时性。在这个平台中，打通单机构型在设计、制造、试飞、客服、运营各个场景中的数据关联，做好构型管理的数字化定义，实现单机设计状态和交付状态的数字化，从而做到构型状态的实时动态管理，提高单机设计构型表达和利用的效率；打通设计构型与实物构型的关联关系，抓取实物纪实结果并自动比对与单机设计构型的差异，作为构型差异评估和制造符合性检查的基础；以解决准确且高效的数据传递及纪实难点。此外，利用平台状态可视化、记录完整的特点，结合飞机数模将纪实文本进一步转化为可视化及结构化的描述方式，动态体现飞机的变化过程，与局方等共同定义飞机变化的管控边界，可以推进建立行业统一和各方认可的构型管理概念定义，理清业务边界，提高与用户、局方的沟通效率。解决不同利益攸关方对构型定义和概念理解不一致的堵点。

2）运用新技术优化更改控制问题

对于飞机主制造商来说，飞机产品从立项到项目结束会出现数以万计的更改，这些更改一方面来自产品范围和需求的变更，另一方面来自对需求的实现过程中产生的问题的修复，其所处的阶段、更改的原因、涉及的专业、造成的影响、需要的试验等各不相同，因此主制造商会安排大量经验丰富的工程师对更改进行控制，但由于更改本身的复杂性以及人为因素的影响，仍无法完全避免更改在流程中出现评估不到位、传递不及时、落实不到位等问题。而随着人工智能、5G、云计算等技术的发展与应用，构型控制过程中的这些问题有了新的解决途径，可通过对更改从问题、申请、评估、规划、批准、落实的一系列环节设置结构化表单，设定相应的特征指标等方式建立起一套完整的业务表单体系，通过训练人工智能模型对表单进行质量审核、分类判断等方式协助工程师进行更改控制工作，以提高工作效率与工作质量。

3）运用新技术支持维修问题改进

对航空公司来说，直接维修成本一直是成本中较大的一块支出，而预测性维修则可较好地降低航空公司在维修成本上的支出。通过多年的发展，预测性维修已经形成了一套比较成熟的工作模式，而随着数据分析方法的研究创新以及产品数据获取能力的加强，依托飞机构型状态的大数据分析方法为预测性维修带来了新的活力。新一代飞机从设计诞生到运营维护全生命周期内会生成海量的数据，如飞机的设计数据、制造数据、运行数据、飞机监测数据、维修维护数据等，这些数据中蕴藏着每一架飞机的"前世今生"。目前航空产业链上的各家主制造商、主要部件供应商、航空公司乃至专门的数据分析企业都在预测性维修应用方面做了各种各样的尝试与探索，试图通过数据分析创造更大的价值。纵观现在市面上各家公司的预测性维修产品，其底层逻辑基本一致，分析者首先需要获取大量同类型故障案例及发生故障前的飞机数据，对数据进行专业的（数据和工程）清理、分析、归纳后，找出故障发生时数据的异常特征，建立故障的预测模型，再在日常工作中将数据套用到故障模型中，如有异常情况，则触发告警提醒使用者。当结合了单机构型状态后，数据分析的准确性与建模效率将大大提高，必将为航空公司带来更大的收益。

## 6.3 人才对构型管理发展的影响

人才是第一生产力，尤其对工程技术管理领域而言。整个系统工程、项目管理过程建设，都需要实践丰富、理论扎实、洞见深刻的人才，特别是对构型管理工作而言，顶级人才的作用和价值是巨大的。

要识别构型管理人才的情况，必须要弄明白做好构型管理需要什么样的人才，包括他/她必要的性格特征、学识要求、经历特点、职业素养、专业潜能以及其他方面的能力需求。

想要做好构型管理工作，首先需要有工作热情、钻研精神的工作人员。构型管理是一项内容复杂又具体的工作，是在既有的条件下，将各个方面的工作项目理顺，确保衔接通畅、记录完整并可支撑后续数据的应用丰富。而这个要求本身就对此项工作的"设计者"要求很高。在此基础上，还需要构型管理者在碰到各种情况时总能问一个为什么，并且一直坚持系统工程方法论的指导，朝一个正确的方向坚持改进。这意味着他/她必须长期对业务过程熟悉细化、对业务场景丰富完善、对产品不同阶段的问题进行处置、对体系完整性进行建设和完善。综合上述情况，想要做好构型管理工作，构型管理人员的工作热情、钻研精神，甚至是牺牲精神都是必需的工作素养，也是重要的特质要求。

其次，想要做好构型管理工作，具备工程、制造、客服、试飞、运营等领域的实践经验是非常重要的经历要求。对构型管理相关问题的解决、相关工作的优化非常重要的一个要素是场景思维，而且这个场景思维是贯彻飞机产品的各个阶段和各种应用环境的。如果没有相应场景的实践经验，则非常难以理解具体的应用场景，从而难以捕获准确的需求，容易导致需求方和实现方之间的不理解、不协调。而根据以往的工作经验，往往场景确定、需求捕获、问题定位是最难的部分，在问题定位完成后，给出具体解决方案反而相对容易一些。所以，能够判断产品在具体的环境中遭遇的场景，能够分辨场景与构型管理的关联关系，是高效开展工作的基础，同时也是对工作者的重要要求。

最后，构型管理工作不是重复性工作，而是在动态变化过程中不断调整的。前文提到新技术的发展对其冲击巨大，是提升工作效能的重大机会。如果进行构型管理工作的专业人员不能及时学习相关技术内容，那就意味着，不能给产品管控及时提供效能支撑，而如果竞争对手与时俱进，则将导致产品在这个环节的竞争力降低，从而最终影响产品本身的整体竞争力。所以，持续学习，特别是学习技术管理的方法论以及新的信息化技术，对做好构型管理工作非常重要，也是构型管理技术能够持续发展的基础要求。持续学习，特别是对相关领域的持续学习，已作为构型管理领域的关键职业素养要求。

工程活动的驱动，从来不止于技术；同样而言，具有技术基础、经历基础、素养基础，是能够从事构型管理工作的必要条件；而拥有历史视角，时代使命感、责任感，富有行业激情及跨行业热情，对工程方法有深入见解，对行业趋势始终保持敏锐，敢为天下先，则是构型管理工作更上一步，甚至引领产品变革的关键所在。构型管理，需要站在巅峰的人才倾力促为，因为它是产品管理的关键切入点，链接局方、用户、主制造商各方；构型管理，在顶级人才的引领下，也将作为一个基本的工作方法，在主制造商团队中内化于心，外化于行，为驱动产品朝更加满足用户需求，更加高效能的方向创造价值而努力！

# 附录一 术语解释

（按拼音顺序排列）

### 3F1I（function fit form interface）

功能、配合、外形和接口的统称。

### 产品（product）

一个过程的结果。在本书中涉及如下六种通用产品类型以及它们在系统中的组合：

（1）硬件，如发动机机械零件。

（2）软件，如计算机程序、电子字典。

（3）加工过的材料，如润滑剂。

（4）文件，如规范、图纸、测试程序、出版物、版本描述文件。

（5）服务，如运输服务、运输。

（6）设施，如试验室、机器、工厂。

### 产品定义信息（product definition information, PDI）

定义产品需求、记录产品属性的信息，它是产品构型管理的权威信息源。

### 产品构型文件（product configuration documentation, PCD）

已批准的构型项的详细设计文件，包括定义构型项设计特征所必需的规范、图样、零件清单及设计文件目录，描述确保构型项的符合性所必需的试验、验证、检查等文件和图纸，描述构型项的制造、生产、运营、保障等的文件或资料。

### 产品构型信息（product configuration information, PCI）

关于某产品的信息，由产品定义信息和产品操作信息组成。

**产品基线**（product baseline, PBL）

产品基线由一系列经过批准的产品构型文件组成。

**产品结构**（product structure）

定义产品和产品组成之间关系的分层次的视图。

**产品全生命周期**（product whole life cycle）

从形成产品研制依据的概念，到产品完全退出使用，终止产品支援和客户服务的完整过程。

**产品属性** ［product attribute(s)］

产品的性能、功能和物理属性。

**超差**（waiver）

某项目在制造期间或在被提交进行检验或接受后，发现某些方面不符合规定的要求，但被认为仍可按原样使用或用经批准的方法进行修理后仍可使用，而对接受此项目颁发的一种书面授权。

**单机构型**（single ship configuration, SSC）

定义和描述单个商用飞机产品系统的性能、功能和物理属性以及表明构型差异的各类数据的集合。

**单机构型基线**（single ship configuration baseline）

特定时间点的单机构型，作为单架机定义更改、实施验证和其他管理活动的基础。

**单机设计构型**（single ship design configuration）

定义单个商用飞机产品系统的性能、功能和物理属性要求的各类数据的集合。

**单机实物构型**（single ship actual configuration）

描述单个商用飞机产品系统实物所具备的性能、功能和物理属性的各类数据的集合。

**飞机架次号**（aircraft serial number, ASN）

唯一永久标识每架飞机的编号，又称为架次有效性。

**飞行试验构型（flight test configuration, FTC)**

在飞行试验机构型的基础上，进行加装和改装试验设备，以满足一个或几个飞行试验科目要求的飞机构型。

**飞行试验机构型（flight test aircraft configuration)**

根据试飞任务分工，满足工程文件规定的试飞要求的飞机构型。

**分配构型文件（allocated configuration documentation, ACD)**

描述从系统或更高层构型项分配来的子构型项的功能、性能、互操作性和接口要求的文件，与其他接口构型项的接口要求文件，以及证明达到这些要求的验证文件。

**分配基线（allocated baseline, ABL)**

一系列经过批准的分配构型文件。

**服务物料清单（service bill of material, SBOM)**

服务类数据的结构关系列表，反映服务对产品物料的需求信息。

**更改项目（modification item, MI)**

打通设计更改过程的载体，用来将更改和相关文档进行精细化关联管理，保证更改项目的完整性。

**工程更改建议（engineering change proposal, ECP)**

工程更改建议是一份文件，用于描述、论证一项建议的工程更改，并将其提交至：

（1）当前文件更改的权威机构以确定是否批准该更改。

（2）产品采购方确定是否批准将该设计更改贯彻到将要交付的产品中或翻修已交付的产品。

**工程更改申请（engineering change request, ECR)**

用于定义和记录更改申请程序的文件，包括问题的收集，问题的协调、讨论，更改必要性的确定等。

**工程物料清单（engineer bill of material, EBOM)**

根据工程图样及相关设计文件编制的工程数据集，记录工程零件和装配件的属性信息及其结构关系，反映工程对产品物料的需求信息。

### 工程指令（engineering order, EO）

记录图样审签信息、提供发送和更改指示的文件，用于设计图样的签署、发送和更改。

### 功能（function）

设计出来的产品所完成的一种或多种动作。

### 功能构型审核（functional configuration audit, FCA）

对构型项或系统的功能特性进行正式的检查，以验证项目达到其需求、功能、分配构型文件规定的要求。

### 功能构型文件（functional configuration documentation, FCD）

描述系统的功能、性能、互操作性和接口要求的文件，以及证明达到这些要求的验证文件。

### 功能基线（functional baseline, FBL）

一系列经过批准的功能构型文件。

### 功能属性　[function attribute(s)]

可量化的性能参数，采用量化的参数来表达。例如，航程、速度、致命性、可靠性、可维护性、安全性、处理速度、操作和逻辑参数，包括它们各自可接受的误差。

### 工艺物料清单（process bill of material, PBOM）

包含 EBOM 的部分属性信息，工艺组件和零部件工艺分工路线等工艺信息，反映生产交付顺序的物料清单。

### 构型（configuration）

（1）现有的或计划中的某产品或产品组合的产品属性。

（2）某产品一系列相继构建的变种之一。

### 构型标识（configuration identification）

构型管理的一项功能，包括如下方面：

（1）为产品和产品构型信息建立结构关系。

（2）选择、定义、记录，并通过基线冻结产品属性。

（3）为每一个产品和产品构型信息分配唯一的标识。

### 构型管理（configuration management, CM）

使用适当的过程、资源和控制，建立和维持产品构型信息与产品之间一致性的技术和管理过程。

### 构型管理办公室（configuration management office, CMO）

CMB 的日常管理机构和工作协调机构。

### 构型管理规划（configuration management plan, CMP）

一类文件，用于描述特定商用飞机产品系统全生命周期各阶段构型管理的目的、对象、活动、要求、职责、工具和资源等，并规范构型管理实施的流程和路径。

### 构型管理体系审核（configuration management system audit）

对构型管理体系及体系的运行情况进行的正式检查，以确保构型管理过程和程序能有效执行和持续改进，验证构型管理的目标是否实现。

### 构型管理委员会（configuration management board, CMB）

构型管理委员会是组织开展项目构型管理顶层策划，批准建立项目构型管理组织体系，审议并批准项目构型管理规划，对客户需求、项目进度、研制经费、单机成本、市场、适航、生产周期等具有特别重大影响的设计构型更改和实物构型更改进行最终决策的构型管理组织机构。

### 构型基线（configuration baseline, CBL）

特定时间点的产品构型，被作为定义更改、实施验证和其他管理活动的基础。对于软件产品，建立的基线包含实际产品。构型基线与产品门禁管理相关联，反映了某一时间点的技术成熟度。

### 构型纪实（configuration status accounting, CSA）

构型管理的一项功能，是在整个生命周期内正式记录和报告已建立的产品构型信息、所请求的更改状态以及已批准更改的实施情况的活动。这些更改还包括在运行和维护期间对产品单元的更改。

### 构型控制（configuration control）

构型管理的一项功能，以确保对构型基线的更改和与构型基线的差异被恰当地标识、记录、评估、批准或不批准，以及被恰当地合并和验证。

### 构型控制办公室（configuration control office, CCO）

CCB 的日常办事机构和组织管理机构。

### 构型控制团队（configuration control team, CCT）

构型控制团队是对项目构型基线的Ⅱ类工程更改进行决策，批准并建立本专业内的构型基线，当设计构型更改和制造构型更改对客户要求、项目进度、成本等有影响时进行分析和预判，实施日常构型管理工作（包括与联合设计供应商的协同工作），为 CCB 提供专业内支持的构型管理组织机构。

### 构型控制委员会（configuration control board, CCB）

构型控制委员会是批准建立项目构型基线，对项目构型基线的Ⅰ类工程更改进行决策，当设计构型更改和实物构型更改对客户要求、项目进度、成本等有特别重大影响时进行预判后提交 CMB 决策，确定项目构型管理文件体系、控制流程和方法、纪实平台、审核机制，对各单位之间产生分歧的项目构型管理工作进行决策的构型管理组织机构。

### 构型审核（configuration audit）

对过程、产品定义信息、需求符合性验证记录和产品检测记录进行复查，以确认产品已经达到了所要求的属性，并且符合已发放的产品构型定义信息。

### 构型文件（configuration documentation）

主要用于标识和定义产品性能、功能和物理特性的技术文件。

### 构型项（configuration item, CI）

满足其最终的使用功能并被指定进行单独构型管理的任一硬件、软件或硬件和软件的集合。

### 构型验证（configuration verification）

通过试验、分析、论证、模拟或检查，证实需求和批准的构型更改已经在产品上实现。

### 互换性（interchangeability）

零部件之间替换或被替换的特性。安装时只需使用通常的安装和连接方法，而对要安装的产品及其相邻产品或结构除设计规定的调整外，不需进行不可逆的修配和补加工，如钻孔、铰孔、扩孔、切割和修锉等。互换性原则建立在件号标识基础上，相同件号产品可以完全替换。

### 件号（part number）

主制造商、供应商或行业给一个零件、组件、成套工具或材料项的标准识别符。当关联其制造商代码时，件号能够对一个给定对象提供独一无二的标识。

### 交付构型（delivery configuration）

向客户交付的飞机的构型。

### 接口控制（interface control）

对一个或更多组织提供的两个或更多产品之间共同边界的产品属性进行确定、记录和管理的过程。

### 接口控制文件（interface control document, ICD）

一份接口控制图或其他文件，被用来描述产品或组合产品的物理接口、功能接口、性能接口和测试接口。

### 接口信息（interface information）

在共同边界上存在的、有文件记录并达成一致的功能和物理属性。

### 客户构型（customer configuration）

在签订购机合同时，主制造商与客户商定满足客户需求的飞机构型。

### 配合（fit）

某产品与其他产品进行连接或相互交联，或成为另一个产品的组成部分的能力。

### 偏离（deviation）

一种特定的书面授权，其规定了在某项目中一定数目的个体或在一个特定的时间段内可以偏离已批准构型文件中的某项要求。该项目尽管偏离了特定的要求，但仍旧被认为是合格的或经过批准的方法修理后是合格的。偏离与工程更改的不同之处在于，工程更改批准后，要求对该项目对应的已批准构型文件进行修订，而偏离则不对已批准构型文件进行修改。

### 设计更改（design change）

除主动优化外，对产品或其发布的构型文件的实质更改，分为主要更改及次要更改，又称为"工程更改"。

### 设计构型文件（design configuration documentation, DCD）

成套的工程设计资料，它是根据功能和分配基线的要求而设计的详细的数模（包含数模所引用的技术文件）、机载软件构型定义文件，以及其他产品定义和要求的信息。

### 设计基线（design baseline, DBL）

一系列经过批准的设计构型文件。

### 试验构型（test configuration）

满足一个或几个试验科目要求的试验台架（含在地面上进行试验的飞机）的构型。

### 数据修订（data correction）

指对产品无实质影响的图样、文件的修订，改前改后的实物状态一致。

### 替换性（replaceability）

零部件之间替换或被替换的特性。安装时除使用通常的安装和连接方法外，还需对替换件进行不可逆的修配和补加工。

### 外形（form）

形状、大小、尺寸和其他可测量的物理参数，这些参数描述了产品的特性。

### 物理构型审核（physical configuration audit, PCA）

按照技术文件对制造出的构型项构型进行的正式检查，以建立或验证构型项的产品基线。

### 物理属性　［physical attribute(s)］

包括接口在内的材料的定量和定性的特征，如成分、尺寸、抛光、公差、源代码和目标代码、编辑信息、复杂等级、数据结构。

### 物料清单（bill of material, BOM）

又称产品结构模型，是分级的子装配件、组件和（或）毛料的列表，表示一个具有装配关系的零部件集合，并以此构成高一级的部件、装配件、产品或系统。

### 型号构型（type configuration）

型号构型是相对于单机构型而言的，描述整个产品型号的构型定义。由于不存在对应型号构型的、物理上的实物飞机，因此型号构型通常是指理论上的设计构型。

### 性能（performance）

描述一个与操作或功能执行相关的物理属性或功能属性的定量的量度，如数量（多少）、质量（多好）、范围（多广、多远）、时间性（响应多快、多频繁）和准备（可用性、任务/使用准备）。

### 需求构型文件（requirement configuration documentation, RCD）

在项目研制初期，通过对市场的调查和分析，从市场需求和项目的发展出发，综合项目的成本、进度、质量等的要求，对飞机的设计目标和要求以及达到这些目标和要求所必需的验证进行规定的文件。

在项目后续阶段，当进行飞机销售、与客户签订订单时，对销售协议中相关的技术要求和客户构型飞机的技术要求进行规定的文件。

### 需求基线（requirement baseline, RBL）

一系列经过批准的需求构型文件。

### 序列号（serial number）

产品制造商为了区别相同件号的产品，而在实际交付的产品上使用的唯一标识符。

### 选项定义（option definition）

对选项进行唯一标识和描述的过程，选项定义内容主要包括选项编号、选项描述、相关产品数据或其他信息的描述。

### 选项 (option)

商用飞机构型定义中选用的项目，是构成商用飞机选型方案，表达特定构型能力、功能设备、服务和特征的项目。

### 有效性 (effectivity)

一种定义产品范围的标识，即特定产品构型所应用的、即将或已经被某更改所影响的，或者某种产品变化所使用的标识，如产品的序列号、批号、型号、更改执行范围等。

### 运营物料清单 (operation bill of material, OBOM)

产品运营所用数据的结构关系列表，反映运营对产品物料的需求信息。

### 供应商产品交付规范书中的物料清单 (supplier product specification bill of materiel)

供应商在产品交付规范书中罗列的产品数据的结构关系列表，反映供应商产品的物料需求信息。

### 制造物料清单 (manufacture bill of material, MBOM)

由工程数据集转化的制造数据的结构关系列表，反映制造对产品物料的需求信息。

### 制造序列号 (manufacturing serial number, MSN)

生产制造部门可根据制造和装配计划，以及出厂顺序为每架飞机分配一个唯一的制造用标识号，该标识号称为制造序列号，又称为制造流水号。

### 主动优化 (voluntary optimization)

主动提高产品性能、基于研制规律有计划的或对已规划的试验、验证的更改。

# 附录二　缩略语

**A**

| AAT | aircraft allocation table | 飞机架次分配表 |
| ABL | allocated baseline | 分配基线 |
| ABS | American Bureau of Standards | 美国标准局 |
| ACB | aircraft configuration bulletin | 飞机配置公告 |
| ACD | allocated configuration documentation | 分配构型文件 |
| AD | airworthiness directive | 适航指令 |
| AID | altered item drawing | 更改项目图 |
| AIPC | aircraft illustrated parts catalog | 飞机图解零件目录 |
| ANSI | American National Standards Institute | 美国国家标准协会 |
| ASN | aircraft serial number | 飞机架次号 |
| ATA | Air Transport Association of America | 美国航空运输协会 |
| ATP | acceptance test procedure | 验收试验程序 |

**B**

| BFE | buyer furnished equipment | 买方提供设备 |
| BOM | bill of material | 物料清单 |
| BBOM | built bill of material | 实物物料清单 |

**C**

| CAAC | Civil Aviation Administration of China | 中国民用航空局 |
| CAD | computer aided design | 计算机辅助设计 |

| CBL | configuration Baseline | 构型基线 |
| CCAR | China Civil Aviation Regulation | 中国民航规章 |
| CCB | Configuration Control Board | 构型控制委员会 |
| CCD | configuration control decision | 构型控制决策 |
| CCMO | configuration control management office | 构型控制管理办公室 |
| CCO | configuration control office | 构型控制办公室 |
| CCT | configuration control team | 构型控制团队 |
| CI | configuration item | 构型项 |
| CM | configuration management | 构型管理 |
| CMB | configuration management board | 构型管理委员会 |
| CMO | configuration management office | 构型管理办公室 |
| CMP | configuration management plan | 构型管理规划 |
| COTS | commercial off the shelf | 商业货架产品 |
| CR | change request | 更改申请 |
| CSA | configuration status accounting | 构型状态纪实 |
| CSCI | computer software configuration item | 计算机软件构型项目 |
| CTSOA | certificate technical standard order approval | 技术标准规定项目批准书 |

**D**

| DBL | design baseline | 设计基线 |
| DCAC | define and control of airplane configuration | 定义和控制飞机构型 |
| DCD | design configuration documentation | 设计构型文件 |
| DDR | detail design review | 详细设计评审 |

**E**

| EASA | European Aviation Safety Agency | 欧洲航空安全局 |
| EBOM | engineering bill of material | 工程物料清单 |
| ECP | engineering change proposal | 工程更改建议 |
| ECR | engineering change request | 工程更改申请 |

| EFB | electronic flight bag | 电子飞行包 |
| EIA | Electronic Industries Association | （美国）电子工业协会 |
| EO | engineering order | 工程指令 |
| ERP | enterprise resource planning | 企业资源规划 |
| EWIS | electrical wiring interconnection system | 电气线路互联系统 |

**F**

| FAA | Federal Aviation Administration | 美国联邦航空管理局 |
| FBL | functional baseline | 功能基线 |
| FCA | functional configuration audit | 功能构型审核 |
| FCD | functional configuration documentation | 功能构型文件 |
| FCOM | flight crew operating manual | 飞行机组操作手册 |
| FICD | functional interface control documentation | 功能接口控制文件 |
| FLS | field loadable software | 外场可加载软件 |
| FMEA | failure mode and effects analysis | 失效模式与影响分析 |
| FQA | flight quality analysis | 飞行品质分析 |
| FRR | failure and rejection report | 故障拒收报告 |
| FSN | fleet serial number | 客户标识号 |
| FTC | flight test configuration | 飞行试验构型 |

**G**

| GTS | general technical specification | 通用技术规范 |
| GBOM | generic bill of material | 通用物料表 |
| GEIA | government electronics and information association | 政府电子信息协会 |

**H**

| HAS | hardware accomplishment summary | 硬件完成总结 |
| HCI | hardware configuration index | 硬件构型索引 |

| HCMP | hardware configuration management planning | 硬件构型管理规划 |
| HLR | high level requirements | 顶层要求 |

**I**

| IEEE | Institute of Electrical and Electronics Engineering | 电气与电子工程师协会 |
| IPE | excellent process integration | 卓越流程整合 |
| IPT | integrated product team | 综合产品团队 |
| ISO | International Standardization Organization | 国际标准化组织 |

**J**

| JCCB | joint configuration control board | 联合构型控制委员会 |
| JCCO | joint configuration control office | 联合构型控制办公室 |
| JET | joint engineering team | 联合工程团队 |

**L**

| LCCB | local configuration control board | 分部构型控制委员会 |
| LCCO | local configuration control office | 分部构型控制办公室 |
| LIN | logical indentification number | 逻辑识别号 |
| LMP | line maintainable part | 航线可维修件 |
| LO | link object | 关联对象 |
| LRI | line replaceable item | 航线可更换项 |
| LRU | line replaceable unit | 航线可更换单元 |
| LRM | line replaceable module | 航线可更换模块 |

**M**

| MBD | model based data | 基于模型的数据集 |
| MBOM | manufacturing bill of material | 制造物料清单 |
| MES | manufacturing execution system | 制造执行系统 |

| MI | modification item | 更改项目 |
|---|---|---|
| MMEL | master minimum equipment list | 主最低设备清单 |
| MIL－HDBK | Military Handbook | 美国军用标准手册 |
| MIL－STD | Military Standard | 美国军用标准 |
| MRM | manufacturing resource management | 生产资源管理 |
| MRO | maintenance and repair organization | 维修改装单位 |
| MSN | manufacturing serial number | 制造序列号/制造流水号 |

**N**

| NAS | National Aircraft Standards | 美国国家飞机标准 |
|---|---|---|
| NCP | NAS change proposal | NAS 更改建议 |
| NFC | near field communication | 近场通信 |
| NSA | National Standards Association | 美国国家标准协会 |

**O**

| OBOM | operation bill of material | 运营物料清单 |
|---|---|---|
| OEB | operation engineering bulletin | 运行工程通报 |
| OPI | office of primary interest | 主要利益办公室 |

**P**

| P/N | part number | 零件号 |
|---|---|---|
| PBL | product baseline | 产品基线 |
| PBOM | process bill of material | 工艺物料清单 |
| PBS | product breakdown structure | 产品分解结构 |
| PCA | physical configuration audit | 物理构型审核 |
| PCD | product configuration documentation | 产品构型文件 |
| PCI | product configuration information | 产品构型信息 |
| PDI | product definition information | 产品定义信息 |
| PDM | product data management | 产品数据管理 |
| PHAC | plan for hardware aspects of certification | 硬件符合性验证计划 |

| | | |
|---|---|---|
| PDR | preliminary design review | 初步设计评审 |
| PL | part list | 零部件细目表 |
| PLM | product lifecycle management | 产品生命周期管理 |
| PMA | parts manufacturer approval | 零部件制造人批准书 |
| PMP | project management plan | 项目管理规划 |
| PS | product structure | 产品结构 |
| PSAC | plan for software aspects of certification | 软件符合性验证计划 |
| PSP | partnership for safety plan | 安全保障合作计划 |
| PSSA | preliminary system safety assessment | 初步系统安全性评估 |

**Q**

| | | |
|---|---|---|
| QTP | qualification test procedures | 鉴定试验程序 |

**R**

| | | |
|---|---|---|
| RCD | requirement configuration documentation | 需求构型文件 |
| RFP | request for proposal | 邀标书 |

**S**

| | | |
|---|---|---|
| SAE | Society of Automotive Engineers | 国际自动机工程师学会 |
| SAS | software accomplishment summary | 软件完成综述 |
| SB | service bulletin | 服务通告 |
| SBOM | service bill of material | 服务物料清单 |
| SCMP | software configuration management planning | 软件构型管理计划 |
| SCN | Specification Change Notice | 规范更改通知 |
| SID | software installation drawing | 软件安装图 |
| SDM | design module for system view | 系统视图设计模块 |
| SLO | link object for system view | 系统视图关联对象 |
| SPC | statistical process control | 统计过程控制 |
| SOW | statement of work | 工作说明 |
| STC | supplemental type certificate | 补充型号合格证 |

**T**

| | | |
|---|---|---|
| TBD | to be determined | 待定 |
| TC | type certificate | 型号合格证 |
| TCB | Type Certification Board | 型号合格审定委员会 |
| TCDS | type certification data sheet | 型号合格证数据单 |
| TDD | type design data | 型号设计数据 |
| TLD | top level drawing | 顶层图样 |
| TSOA | technical standard order approve | 技术标准规定批准书 |

**U**

| | | |
|---|---|---|
| UDM | user data module | 用户数据模块 |

**V**

| | | |
|---|---|---|
| VDA | validation of design approval | 设计批准认可证 |
| VDD | version description document | 软件描述文档 |

**W**

| | | |
|---|---|---|
| WBS | work breakdown structure | 工作分解结构 |

# 参考文献

［1］ SAE. ARP 4754：guidelines for development of civil aircraft and systems ［S］. SAE，2010.

［2］ PAHL G，BEITZ W. Engineering design：a systematic approach ［M］. 2nd ed. London：Springer，1996.

［3］贺东风，赵越让，郭博智，等.中国商用飞机有限责任公司系统工程手册 ［M］.6 版.上海：上海交通大学出版社，2022.

［4］谢翔，龚文秀，薛济坤.民用飞机验证类试验/试飞中构型差异管理策略研究 ［J］.民用飞机设计与研究，2017（3）：31 – 34.

［5］龚文秀，汪超，贺璐.民用飞机型号构型定义研究 ［J］.科技信息，2011（30）：383 – 384.

［6］龚文秀.民用飞机构型差异管理分析 ［J］.民用飞机设计与研究，2016（1）：62 – 64.

［7］中国民用航空局.CCAR – 21 – R3：民用航空产品和零部件合格审定规定 ［S］.中国民用航空局，2017.

［8］ RTCA. DO – 178B：Software consideration in airborne systems and equipment certification ［S］. RTCA，1992.

［9］ RTCA. DO – 254：Design assurance guidance for airborne electronic hardware ［S］. RTCA，2000.

［10］ EIA. EIA – 649：Configuration Management Standard ［S］. EIA，2019.

［11］徐庆宏，柏文华，余钧，等.支线飞机运行支持技术 ［M］.上海：上海交通大学出版社，2017.

［12］王庆林，余国华，王睿.构型管理 ［M］.上海：上海科技技术出版社，2010.

［13］中华人民共和国工业和信息化部.HB8569 – 2020：民用飞机构型管理要求

［S］.中华人民共和国工业和信息化部，2020.

［14］张乐.论民用飞机构型审核要求和程序［J］.科技信息，2012，29（28）：490-491.

［15］SAE. AS9100C：quality management system-requirements for aviation，space and defence organization［S］. US：SAE，2009.

［16］洪鑫，龚文秀.民用飞机的构型管理和与X管理［J］.科技和产业，2021，21（01）：153-157.

［17］US-TA. GEIA-HB-649：implementation guide for configuration management［S］. US-TA 2005.

［18］FAA. Order 1800.66（includes Change 3）：Configuration Management Policy［S］. FAA，1999.

［19］MIL-HDBK-61B. Configuration management guidance［S］. 1994.

［20］中国航空工业总公司.HB 7802-2006：BOM 通用要求［S］.中国航空工业总公司，2006.

［21］国防科学技术工业委员会.GJB 431—1988：产品层次、产品互换性、样机及有关术语［S］.国防科学技术工业委员会，1988.

［22］中国航空工业总公司.HB 6892—1993：航空飞行器零部件的互换性和替换性［S］.中国航空工业总公司，1993.

［23］ATA. SPEC 2000：航材管理的电子化业务规范（E-Business Specification For Materials Management）［S］. ATA，1984.

［24］ATA. SPEC 2200：information standards for aviation maintenance［S］. ATA，2009.

［25］孟旭，占红飞.一种商用飞机工程更改分类模型及管理策略［J］.航空工程进展，2016（2）：198-208.

［26］于勇，范玉青.飞机构型管理研究与应用［J］.北京航空航天大学学报，2005（3）：278-283.

［27］汉斯-亨得利·阿尔特菲尔德.商用飞机项目——复杂高端产品的研发管理［M］.唐长红，等，译.北京：航空工业出版社，1992.

［28］中国民用航空局.AP-21-AA-2022-11：型号合格审定程序［S］.航空器适航审定司，2022.

［29］中国民用航空局.AP-21-AA-2019-31：生产批准和监督程序［S］.航空器适航审定司，2019.

# 索　引

# 大飞机出版工程

# 国家出版基金项目书目

## 一期(总论系列)书目

《超声速飞机空气动力学和飞行力学》(译著)

《大型客机计算流体力学应用与发展》

《民用飞机总体设计》

《飞机飞行手册》(译著)

《运输类飞机的空气动力设计》(译著)

《雅克-42M和雅克-242飞机草图设计》(译著)

《飞机气动弹性力学和载荷导论》(译著)

《飞机推进》(译著)

《飞机燃油系统》(译著)

《全球航空业》(译著)

《航空发展的历程与真相》(译著)

## 二期(结构强度系列)书目

《大型客机设计制造与使用经济性研究》

《飞机电气和电子系统——原理、维护和使用》(译著)

《民用飞机航空电子系统》

《非线性有限元及其在飞机结构设计中的应用》

《民用飞机复合材料结构设计与验证》

《飞机复合材料结构设计与分析》(译著)

《飞机复合材料结构强度分析》

《复合材料飞机结构强度设计与验证概论》

《复合材料连接》

《飞机结构设计与强度计算》

## 三期(适航系列)书目

《适航理念与原则》

《适航性：航空器合格审定导论》(译著)

《民用飞机系统安全性设计与评估技术概论》

《民用航空器噪声合格审定概论》

《机载软件研制流程最佳实践》

《民用飞机金属结构耐久性与损伤容限设计》

《机载软件适航标准DO－178B/C研究》

《运输类飞机合格审定飞行试验指南》(编译)

《民用飞机复合材料结构适航验证概论》

《民用运输类飞机驾驶舱人为因素设计原则》

## 四期(航空发动机系列)书目

《航空燃气涡轮发动机工作原理及性能》

《航空发动机结构强度设计问题》

《航空燃气轮机涡轮气体动力学：流动机理及气动设计》

《先进燃气轮机燃烧室设计研发》

《航空燃气涡轮发动机控制》

《航空涡轮风扇发动机试验技术与方法》

《航空压气机气动热力学理论与应用》

《燃气涡轮发动机性能》(译著)

《航空发动机进排气系统气动热力学》

《燃气涡轮推进系统》(译著)

《燃气涡轮发动机的传热和空气系统》

## 五期(民机飞行控制系列)书目

《民机飞行控制系统设计的理论与方法》

《民机导航系统》

《民机液压系统》(英文版)

《民机供电系统》

《民机传感器系统》

《飞行仿真技术》

《民机飞控系统适航性设计与验证》

《大型运输机飞行控制系统试验技术》

《飞行控制系统设计和实现中的问题》(译著)

《现代飞机飞行控制系统工程》

## 六期(民机先进制造工艺系列)书目

《民用飞机构件先进成形技术》

《民用飞机热表特种工艺技术》

《航空发动机高温合金大型铸件精密成型技术》

《飞机材料与结构检测技术》

《民用飞机构件数控加工技术》

《民用飞机复合材料结构制造技术》

《民用飞机自动化装配系统与装备》

《复合材料连接技术》

《先进复合材料的制造工艺》(译著)

## 七期(ARJ21 新支线飞机技术系列)书目

《支线飞机设计流程与关键技术管理》

《支线飞机验证试飞技术》

《支线飞机电传飞行控制系统研发及验证》

《支线飞机适航符合性设计与验证》

《支线飞机市场研究技术与方法》

《支线飞机设计技术实践与创新》

《支线飞机项目管理》

《支线飞机自动飞行与飞行管理设计与验证》

《支线飞机电磁环境效应设计与验证》

《支线飞机动力装置系统设计与验证》

《支线飞机强度设计与验证》

《支线飞机结构设计与验证》

《支线飞机环控系统研发与验证》

《支线飞机运行支持技术》

《ARJ21－700 新支线飞机项目发展历程、探索与创新》

《飞机运行安全与事故调查技术》

《基于可靠性的飞机维修优化》

《民用飞机实时监控与健康管理》

《民用飞机工业设计的理论与实践》

## 八期(民机先进航电系统及应用系列)书目

《航空电子系统综合化与综合技术》

《民用飞机飞行管理系统》

《民用飞机驾驶舱显示系统》

《民用飞机机载总线与网络》

《航空电子软件开发与适航》

《民用机载电子硬件开发实践》

《民用飞机无线电通信导航监视系统》

《飞机环境综合监视系统》

《民用客机健康管理系统》

《航空电子适航性分析技术与管理》

《民用飞机客舱与机载信息系统》

《民用飞机驾驶舱集成设计与适航验证》

《航空电子系统安全性设计与分析技术》

《民机飞机飞行记录系统——"黑匣子"》

《数字航空电子技术(上、下)》

## 九期(商用飞机系统工程系列)书目

《商用飞机研发质量管理理论与实践》

《商用飞机全生命周期构型管理》

《商用飞机驾驶舱研制中的系统工程实践》

《商用飞机系统工程实践方法(英文版)》

《基于模型的现代商用飞机研发》

《商用飞机项目风险和机遇管理》

《商用飞机确认与验证技术》